2段階方式で学ぶ
わかる電磁気学

松浦 秀治／海老原 聡／前川 泰之　共著

ムイスリ出版

はじめに

高校までは、電磁気学の公式を覚え、数値を代入することで答を計算する練習をしてきました。大学では、定理、法則、定義をしっかりと理解し、数学（ベクトル解析や微分積分）を用いて公式を導くことを学びます。このことを通して、大学でもっとも重要な**【考える力】**を身につけてもらいたいと思います。

本書では、最初にステップI（導入編）として定理、法則、定義から、公式を導き出す練習をします。そのため、定理、法則、定義を用いて例題を解くために必要な考え方を理解した後、解答できるようにしています。さらに、考え方の習得を目的にしているため、高校までの簡単な積分（x、$1/x$ および $1/x^2$ の積分）と簡単なベクトルの合成を用いるだけで理解できるようにしました。

その後、ステップII（本編）では、本格的に数学を用いて定理、法則、定義を理解できるように丁寧に説明をしています。

ステップIは、松浦が1年生に19年間行ってきた講義「基礎電磁気学・演習」を中心に、前川の講義と調整してまとめました。講義では、最初に前回の宿題に関する小テストを15分間行います。小テストで考えたことを定着できるように、または間違いをその場で訂正できるように、すぐに丁寧に解答をしています。つぎに、新しい定理、法則または定義を説明し、例題を用いてそれらを理解させた後、宿題を与えています。つぎの講義で宿題に関連した小テストを行うことで、習ったことを覚えるのではなく、講義では習っていない応用問題を独自で考える習慣を身につけられるようにしています。

つぎのステップIIでは、海老原が2年生に対して行ってきた講義「電磁気学」を中心に、前川の講義と調整してまとめました。ここでは、学生はすでに線形代数でベクトルや解析学等で微分・積分をしっかりと学んでいることを前提にしています。授業では、これらを発展させて、ベクトルで電磁気学の諸法則を再度記述していき、電磁気学を理解するためには不可欠なベクトル解析の基礎を学びながら、その電磁気学への応用をしていきます。最後には、これらは電磁波の伝搬を記述することになることを学びます。ステップIに続いて、授業後には問題を自分なりに試行錯誤しながら、演習をしてもらいます。このようにして、本当に電磁気学を理解することができるのです。

未来を担う若者が本書とともに電磁気学をしっかり学び、これを道具にして新しい分野を開拓されていくことを切に希望しています。

最後に、本書の出版にあたってさまざまなご配慮を頂いた橋本豪夫さんをはじめ、ムイスリ出版の方々にお礼申し上げます。

2015年2月　　著　者

目　次

ステップⅠ　－導入編－

ステップII　－本編－

ステップ I

― 導入編 ―

<ステップ I（導入編）の目的>

1. 大学で学ぶべき本来の電磁気学の基礎を身に付けること
2. 例題を通して定理、法則、定義を使えるようになること
3. 考える力を身につけること

上記の目的のために、ベクトル解析や複雑な微分・積分を用いた内容はステップII（本編）に回し、ステップIでは簡単な積分（x、$1/x$ および $1/x^2$ の積分）と簡単なベクトルの合成までを用いた内容としている。

第 1 節　クーロンの法則

■ **クーロンの法則：**　2 つの点電荷 Q_1 [C] と Q_2 [C] が、距離 r [m] 離れて置かれているときに、点電荷に働く電気力 F [N] は以下の式で与えられる（図 **I.1**）。

$$F = \frac{1}{4\pi\varepsilon_r\varepsilon_0} \cdot \frac{Q_1Q_2}{r^2} \quad [\text{N}] \tag{I.1}$$

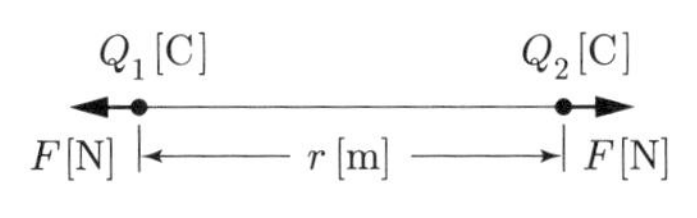

図 I.1　2 つの点電荷間に働く力

式 (I.1) が示す物理的な意味は、つぎのとおりである。

- 2 つの電荷間に働く力の大きさは
  - (1) 各々の有する電荷の積に比例し、
  - (2) その距離の 2 乗に反比例する。
- 力の方向は
  - (3) 両電荷を結ぶ直線上にあり、
  - (4) 電荷の積が正のときは反発し、負のときは引き合う。

また、式 (I.1) で用いられている記号のうち、ε_0 は真空誘電率 ($\varepsilon_0 = 8.854 \times 10^{-12}$ F/m) であり、ε_r は電荷が置かれている空間の媒質の誘電率が真空誘電率の何倍かを示し、比誘電率とよぶ。したがって、媒質の誘電率 ε は $\varepsilon = \varepsilon_r\varepsilon_0$ である。

【例題 1.1】　真空中、3 つの点電荷 Q_1、Q_2、Q_3 が、この順番で一直線上にある。$Q_1 = 5.0 \times 10^{-16}$ C、$Q_2 = -2.0 \times 10^{-16}$ C、$Q_3 = 1.0 \times 10^{-16}$ C、Q_1 と Q_2 の距離は 2.0 μm、Q_2 と Q_3 の距離は 4.0 μm である。電荷 Q_3 に働く力の大きさと方向を導き出せ。ただし、計算では $1/(4\pi\varepsilon_0) = 9.0 \times 10^9$ m/F で、有効数字 2 桁で答えよ。

（**考え方**）クーロンの法則では 2 つの点電荷間に働く力しか計算できない。この法

則を応用して、例題を解くには、

① Q_1 が Q_3 に作用する力の大きさ F_{13} と方向

② Q_2 が Q_3 に作用する力の大きさ F_{23} と方向

を求め、2つの力を合成する。間違いを防ぐため、力の方向を図示すること。

【解答】 最初に、F_{13} と F_{23} の方向を示す。

図 I.2　Q_1 または Q_2 が Q_3 に働く力 F_{13} または F_{23} の方向

真空中であるから ε_r は1である。1 μm は 1×10^{-6} m であるので、Q_1 が Q_3 に作用する力の大きさ F_{13} は

$$F_{13} = \frac{1}{4\pi\varepsilon_0} \cdot \frac{|Q_1||Q_3|}{r^2} = (9.0 \times 10^9) \times \frac{(5.0 \times 10^{-16}) \times (1.0 \times 10^{-16})}{(2.0 \times 10^{-6} + 4.0 \times 10^{-6})^2}$$
$$= 1.25 \times 10^{-11} \text{ N}$$

となり、一方 Q_2 が Q_3 に作用する力の大きさ F_{23} は、下式のようになる。

$$F_{23} = \frac{1}{4\pi\varepsilon_0} \cdot \frac{|Q_2||Q_3|}{r^2} = (9.0 \times 10^9) \times \frac{(2.0 \times 10^{-16}) \times (1.0 \times 10^{-16})}{(4.0 \times 10^{-6})^2}$$
$$= 1.125 \times 10^{-11} \text{ N}$$

Q_1 による Q_3 に働く力は右方向であり、Q_2 による Q_3 に働く力は左方向であるから、合力は引き算になる。

$$F = F_{13} - F_{23} = 1.25 \times 10^{-12} \cong 1.3 \times 10^{-12} \text{ N}$$

(答) 力の大きさ：$\underline{1.3 \times 10^{-12} \text{ N}}$　　方向：<u>Q_1 および Q_2 から遠ざかる方向</u>

【有効数字】 測定をした場合、精確に読めた桁数が重要である。つまり、測定データから答を計算した場合、答の精度は測定した値の精度以上にはならない。そこで、有効数字の意味の理解が重要である。以下に、それぞれの数値が意味する範囲を示す。

1. 有効数字1桁の場合（たとえば、4）：　$3.5 \leqq 4 < 4.5$
2. 有効数字2桁の場合（たとえば、4.0）：　$3.95 \leqq 4.0 < 4.05$
3. 有効数字3桁の場合（たとえば、4.00）：$3.995 \leqq 4.00 < 4.005$

第2節　電　界

■ **電界の定義：**　ある電界内に $+1$ C の点電荷を置いたとき、この点電荷に 1 N の電気力が作用するとき、その場所の電界の大きさを 1 V/m と定義する。

定義から、電界 $\boldsymbol{E}$ [V/m] のところに電荷 Q [C] の点電荷を置いたとき、この点電荷に働く電気力 $\boldsymbol{F}$ [N] は、次式のようになる。

$$\boldsymbol{F} = Q\boldsymbol{E} \quad \text{[N]} \tag{I.2}$$

【例題 2.1】　Q [C] の点電荷から r [m] 離れた点での電界の大きさ E を、クーロンの法則（2 つの点電荷間に働く電気力に関する法則）と電界の定義を用いて導き出せ。ただし、この空間の誘電率を ε とする。

（考え方）①電界の定義から、電気力の大きさと電界の大きさが等しくなる電荷を考える。

② Q [C] の点電荷から r [m] 離れた点に、上記で考えた電荷をもつ点電荷を置き、クーロンの法則から電気力を求める。この電気力の大きさが、電界の大きさであることを利用して、電界の大きさを求める。

【解答】　(1) 電界の定義より、電界 E [V/m] のところに電荷 Q [C] の点電荷を置くと、この点電荷には $F = QE$ [N] の電気力が働く。したがって、1 C の点電荷に働く電気力は

$$F = E$$

となる。

(2) Q [C] の点電荷から r [m] 離れたところに 1 C の点電荷を置き、この点電荷に働く電気力をクーロンの法則から求めると、その大きさが電界の大きさとなる。したがって

$$E = F = \frac{1}{4\pi\varepsilon} \cdot \frac{Q \times 1}{r^2} = \frac{1}{4\pi\varepsilon} \cdot \frac{Q}{r^2} \quad \text{[V/m]}$$

（答）$\underline{E = \dfrac{Q}{4\pi\varepsilon r^2} \quad \text{[V/m]}}$

【例題 2.2】 つぎの小問に答えよ。ただし、計算では $1/(4\pi\varepsilon_0) = 9.0\times10^9$ m/F で、有効数字2桁で答えること。

(1) 真空中で一辺が 10 cm の正三角形の頂点 A と B に、電荷 Q_1 と Q_2 をもつ2つの点電荷を置いたとき、頂点 C での電界の大きさと方向を導き出せ。ただし、$Q_1 = 20\ \mu$C、$Q_2 = -20\ \mu$C とする。方向は図中に示せ。

(2) 頂点 C に 20 μC の電荷を置いたとき、この電荷に働く力の大きさを導き出せ。

（**考え方**）① 式 (I.2) からわかるように、$Q = 1$ C の場合、力の大きさと電界の大きさが等しくなる。したがって、電界を求めたいところに1 C の点電荷を置き、この点電荷に働く力を求めれば、それが電界の大きさになる。

② 頂点 A の電荷が頂点 C に形成する電界 E_{AC} と頂点 B の電荷が頂点 C に形成する電界 E_{BC} を計算し、ベクトルの合成で頂点 C での電界を求める。

<力（ベクトル）の合成>

1. 平行四辺形を描く。
2. 対角線がベクトルの合成になる。

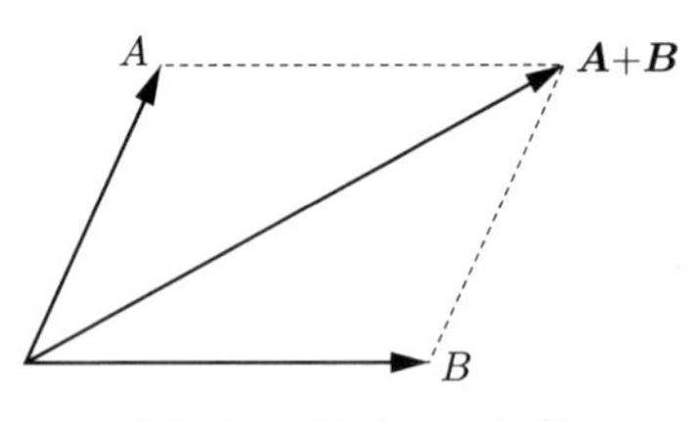

図 I.3　ベクトルの合成

【解答】 (1) まず、頂点 C に 1 C の点電荷を置いたと仮定し、頂点 A の 20 μC が頂点 C の 1 C の点電荷に働く力の向き（点 F への方向）と、頂点 B の $-20\ \mu$C が頂点 C の 1 C の点電荷に働く力の向き（点 G の方向）を描く（**図 I.4**）。

頂点 A の 20 μC が頂点 C の 1 C の点電荷に働く力の大きさ（つまり、電界の大きさ）を求める。

$$E_{\mathrm{AC}} = \frac{1}{4\pi\varepsilon_0}\cdot\frac{Q_1}{r^2} = (9\times10^9)\times\frac{20\times10^{-6}}{(0.1)^2} = 1.8\times10^7\ \mathrm{V/m}$$

つぎに、頂点 B の -20μC が頂点 C の 1 C の点電荷に働く力の大きさ（つまり、電界の大きさ）を求める。

$$E_{\mathrm{BC}} = \frac{1}{4\pi\varepsilon_0}\cdot\frac{|Q_2|}{r^2} = (9\times10^9)\times\frac{20\times10^{-6}}{(0.1)^2} = 1.8\times10^7\ \mathrm{V/m}$$

2つの電界（ベクトル）の合成をするために、平行四辺形CFDGを描き、対角線CDを引く（**図I.4**）。平行四辺形であるから、辺CGは辺FDと等しく、さらに平行であるから、∠CFDは正三角形ABCの角度の60°となる。また、電界の大きさE_{BC}はE_{AC}と等しい。したがって、ΔCFDは正三角形である。このことより、辺CD（合成した電界E）は、辺CFと等しい。

$$E = E_{\mathrm{AC}} = E_{\mathrm{BC}} = 1.8 \times 10^7 \ \mathrm{V/m}$$

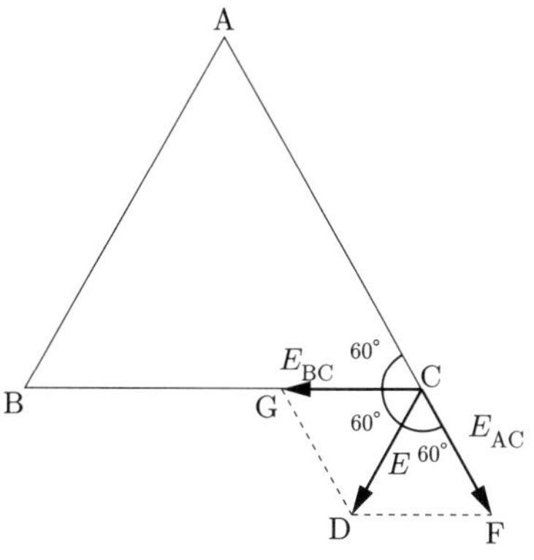

図I.4　正三角形の頂点Cでの電界

（答）**電界の大きさ**：1.8×10^7　　単位：V/m

(2) 頂点Cに置いた点電荷$Q_3 = 20\,\mu\mathrm{C}$に働く電気力は、求めた電界Eと式(I.2)よりつぎのように求められる。

$$F = Q_3 E = (20 \times 10^{-6}) \times (1.8 \times 10^7) = 1.8 \times 10^7 \ \mathrm{V/m}$$

（答）**力の大きさ**：3.6×10^2　　**単位**：N

【別解】

電界E_{AC}のCD方向の電界成分E'_{AC}は、

$$E'_{\mathrm{AC}} = E_{\mathrm{AC}} \cos 60^\circ = \frac{1}{2} E_{\mathrm{AC}}$$

であり、電界E_{BC}のCD方向の電界成分E'_{BC}は

$$E'_{\mathrm{BC}} = E_{\mathrm{BC}} \cos 60^\circ = \frac{1}{2} E_{\mathrm{BC}}$$

である。E_{AC}とE_{BC}は等しく、E'_{AC}とE'_{BC}の方向は同じであるから、合成した電界Eはつぎのようになる。

$$E = E'_{\mathrm{AC}} + E'_{\mathrm{BC}} = \frac{E_{\mathrm{AC}}}{2} + \frac{E_{\mathrm{BC}}}{2} = E_{\mathrm{AC}} = 1.8 \times 10^7 \ \mathrm{V/m}$$

第3節　電気力線

■ **電気力線：** 電界のある場所に正の電荷を置くと、この電荷は力を受けて移動する。この電荷の軌跡のことをいう。また、動く方向に矢印をつける。

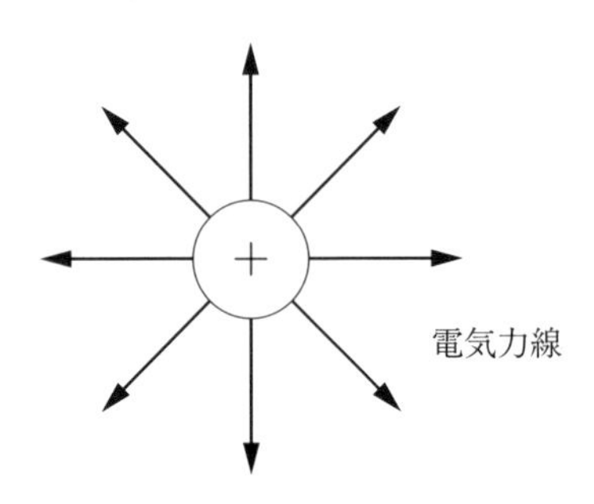

図 I.5　球状の正の電荷から出ていく電気力線

■ **電気力線の定義：** 電界 1 V/m のところで、電界（または電気力線）に垂直な 1 m^2 の面積を、垂直に貫く電気力線は 1 本である。

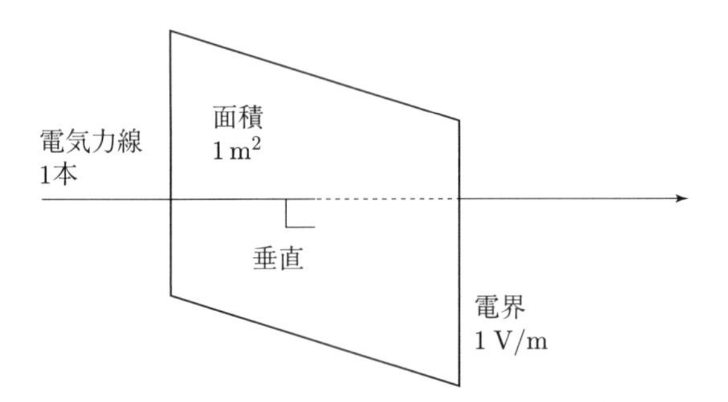

図 I.6　電界と電気力線との関係

電気力線の定義から、電界が E [V/m] のところで、電気力線に垂直な面積 S [m^2] を通過する電気力線の数 N は、つぎのようになる。

$$N = ES \quad [本] \tag{I.3}$$

【例題 3.1】 誘電率が ε の空間内で、Q [C] の電荷をもつ点電荷から出ている電気力線の総数を導き出せ。

(考え方) ① Q [C] の点電荷から r [m] 離れた球の表面と電気力線とは垂直である。
② 点電荷から出ていく電気力線はすべて半径 r [m] の球面を通過する。
③ 半径 r [m] の球面の電界をクーロンの法則から求める。
④ 半径 r [m] の球の表面積を求める。
⑤ 電界と電気力線との関係 $(N = ES)$ を使って、電気力線の総数 N を求める。

【解答】 最初に、点電荷から距離 r [m] 離れた点での電界の大きさ E をクーロンの法則より求める。

距離 r [m] の点に置いた1Cの点電荷に働く電気力の大きさが電界の強さになる。したがって

$$E = \frac{1}{4\pi\varepsilon} \cdot \frac{Q}{r^2} \quad [\mathrm{V/m}]$$

つぎに、半径 r [m] の球の表面積 S を求める。

$$S = 4\pi r^2 \quad [\mathrm{m}^2]$$

電界と電気力線との関係より、電気力線の総数 N は

$$N = ES \quad [本]$$

であるから、つぎのようになる。

$$N = \left(\frac{1}{4\pi\varepsilon} \cdot \frac{Q}{r^2}\right) \times (4\pi r^2) = \frac{Q}{\varepsilon} \quad [本]$$

(答) $\underline{\dfrac{Q}{\varepsilon} \quad [本]}$

【電気力線の集まりと電界の強度との関係】

1. 電気力線が密なところは、電界が強い。
2. 電気力線が疎なところは、電界が弱い。

第4節　ガウスの定理

■ **ガウスの定理：**　多数の電荷 $(Q_1, Q_2, \cdots, Q_n)$ が誘電率 ε の媒質中に存在するとき、これらの電荷をすべて含む任意の閉曲面 S（たとえば、風船の表面）を考える。閉曲面 S から出ていく電気力線の総数 N は、その閉曲面 S 内に含まれる電荷の総和の $1/\varepsilon$ に等しい。

$$N = \frac{1}{\varepsilon}\sum_{i=1}^{n} Q_i \qquad \text{つまり、} N = \frac{1}{\varepsilon}(Q_1 + Q_2 + \cdots + Q_n) \tag{I.4}$$

> **【例題 4.1】**　半径 a [m] の球表面に一様に電荷が分布していて、全電荷は Q [C] である。中心より、任意の半径 r [m] での電界の大きさを導き出せ。ただし、球内・外の全領域にわたっての誘電率を ε とする。必ず、単位を書くこと。

(考え方) ① 電界の大きさが一定の閉曲面を考える（このときの電界の大きさを E とする）。

② 2つの方法で、閉曲面から出ていく電気力線の総数を求める。

(ガウスの定理で求められる電気力線の総数) ＝ (電界と電気力線との関係から求められる電気力線の総数)

③ 上記の式から、E を求める。

〈場合分けのヒント〉

① $r < a$ の場合、半径 r の球内には、電荷は存在しない (0 C)。

② $r > a$ の場合、半径 r の球内に存在する電荷は、Q [C] である。

【解答】　まず、球外を考える $(r > a)$。

半径 r [m] の球面（ガウスの定理を用いるための閉曲面）を考えると、この閉曲面内の電荷は Q [C] である。

ガウスの定理より、この閉曲面を貫く電気力線の数 N を求めると

$$N = \frac{Q}{\varepsilon} \quad [\text{本}]$$

となる。一方、この閉曲面の表面積 S は

$$S = 4\pi r^2 \quad [\text{m}^2]$$

であるから、この閉曲面（半径 r [m] の球）表面での電界の大きさを E としたとき、この閉曲面を貫く電気力線の数は、電界と電気力線との関係 ($N = ES$) より

$$N = 4\pi r^2 E \quad [\text{本}]$$

となる。したがって、ガウスの法則から求めた電気力線の数も、電界と電気力線との関係から求めた電気力線の数も等しいから

$$4\pi r^2 E = \frac{Q}{\varepsilon}$$

となり、これより半径 r [m] の球面での電界 E は

$$E = \frac{Q}{4\pi\varepsilon r^2} \quad [\text{V/m}]$$

と求められる。

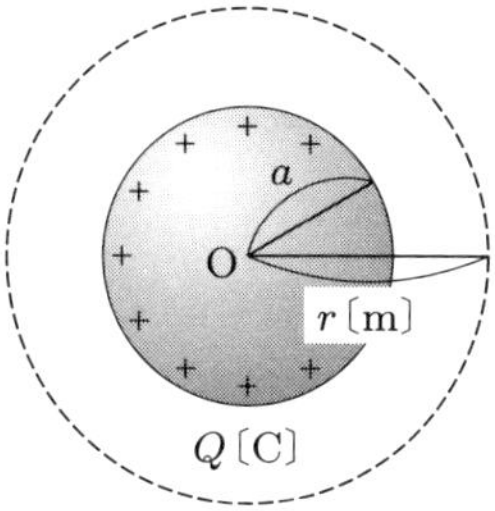

図 **I.7**　ガウスの定理で用いる閉曲面（半径 r [m] の球面）

一方、球内 ($r < a$) を考えると、半径 r [m] の球内には電荷が存在しない。したがって

$$4\pi r^2 E = \frac{0}{\varepsilon}$$

となり、$E = 0$ V/m となる。

（答） 1. $r < a$ の場合、$E = 0$ V/m

2. $r > a$ の場合、$E = \dfrac{Q}{4\pi\varepsilon r^2}$　[V/m]

【例題 4.2】 単位面積当たりの電荷（電荷面密度）が σ [C/m^2] の無限に広い平面状の帯電体がある。板面から距離 r [m] の点での電界の大きさを求めよ。

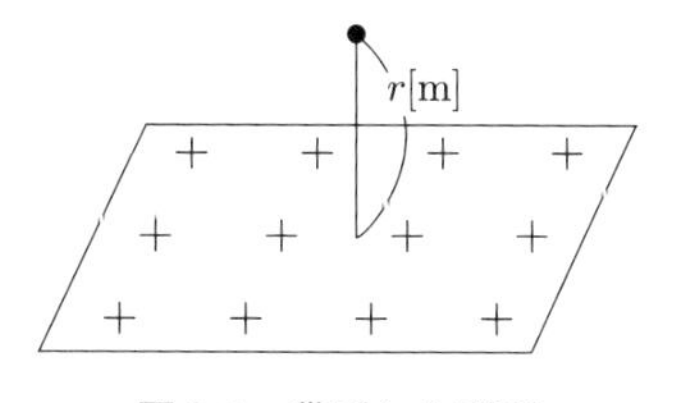

図 **I.8**　帯電した平面

（考え方） ① 電気力線は、平板状帯電体の平面から垂直に両方向へ出ている。

② 電気力線に垂直な平面は、平板状の帯電体に平行である。

③ ガウスの定理で用いる閉曲面は、平板状の帯電体の面に平行な上底と下底、および垂直な側面から形成されている（たとえば、円柱、三角柱、直方体など）。

【解答】 平板状の帯電体から両方向に距離 r [m] のところに、断面積 S [m^2] の上底および下底をもつ円筒（または直方体）を考える。

つぎに、この閉曲面内の電荷は、σS [C] である。したがって、ガウスの定理より、この閉曲面から出ている電気力線の数 N は

$$N = \frac{\sigma S}{\varepsilon} \quad [\text{本}]$$

である。

一方、上底および下底での電界を E とすると、電界と電気力線との関係から、電気力線の数 N は

$$N = ES + ES = 2ES \quad [\text{本}]$$

である。

2つの方法で求めた電気力線の数は等しいから、以下のようになる。

$$2ES = \frac{\sigma S}{\varepsilon}$$

$$E = \frac{\sigma}{2\varepsilon} \quad [\text{V/m}]$$

（答）　$E = \dfrac{\sigma}{2\varepsilon} \quad [\text{V/m}]$

〈考察〉答からわかるように、電界の大きさには距離 r が含まれていない。したがって、電界の大きさは、距離 r に関係なく、どこでも等しい。

第5節　電　位

■ **電位の定義：**　$+1\,\mathrm{C}$ の点電荷を無限遠 $(x=\infty)$ から求めたい点 $(x=r)$ まで運ぶのに必要な仕事が電位であり、単位はボルト (V) である。

$$V(r)=\int_{\infty}^{r}[-1\times E(x)]\times dx \tag{I.5}$$

■ **仕事の定義：**　（力）×（力を働かした方向に移動した距離）

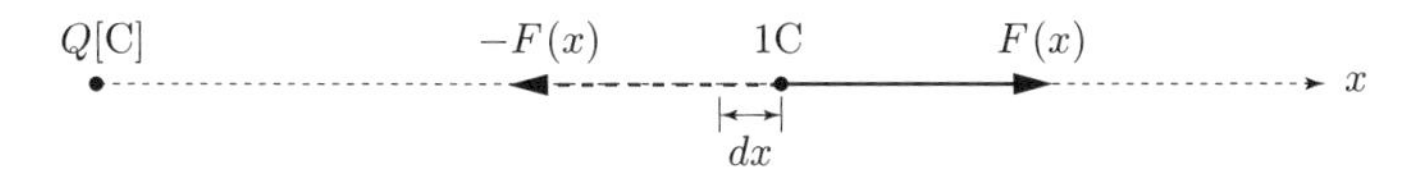

図 **I.9**　1 C の点電荷に働く力と移動させる距離

1 C に働く力	：	$F(x)=1\times E(x)$
引っ張って移動した微小距離	：	dx
引っ張ってした仕事	：	$-F(x)\times dx$

（注）力の方向と垂直な方向に動かしても、仕事をしたことにならない。

【例題 5.1】　Q [C] の点電荷から a [m] 離れた点 A での電位を求めよ。

（考え方）① 点電荷から x [m] 離れた点に 1 C の点電荷を置き、この点電荷に働く力をクーロンの法則より求める。

② 1 C の点電荷を無限遠から点 A まで移動させるのに必要な仕事を計算する。

【解答】　Q [C] の点電荷とこの点電荷から x [m] 離れた点に置いた 1 C の点電荷との間で働く電気力 $F(x)$ [N] は、クーロンの法則より

$$F(x)=\frac{Q\times 1}{4\pi\varepsilon x^2}=\frac{Q}{4\pi\varepsilon x^2}\quad [\mathrm{N}]$$

である。したがって、1 C の点電荷を無限遠 $(x=\infty)$ から点 A $(x=a)$ まで移動させるのに必要な仕事（電位 V [V]）は、式 (I.5) より

$$V = \int_{\infty}^{a}\left(-\frac{Q}{4\pi\varepsilon x^2}\right)dx = -\frac{Q}{4\pi\varepsilon}\int_{\infty}^{a}\frac{1}{x^2}dx$$
$$= -\frac{Q}{4\pi\varepsilon}\left[-\frac{1}{x}\right]_{\infty}^{a} = -\frac{Q}{4\pi\varepsilon}\left\{-\frac{1}{a}-\left(-\frac{1}{\infty}\right)\right\} = \frac{Q}{4\pi\varepsilon a}\quad [\mathrm{V}]$$

と求められる。

（答）$\dfrac{Q}{4\pi\varepsilon a}$　[V]

> **【例題 5.2】**　半径 a [m] の球内に Q [C] の電荷が一様に分布している。球の中心から r [m] の距離にある点Rにおける電位を導き出せ。ただし、球内・外の全領域にわたって誘電率は ε とする。

（考え方）①　$r > a$ の場合を求めた後、$r < a$ の場合を考える。

②　球の中心から x [m] の球面内の電荷を求める。

③　球の中心から x [m] の距離にある点Xでの電界 $E(x)$ をガウスの定理を用いて求める。

④　無限遠 $(x = \infty)$ から求めたい点 R$(x = r)$ までの仕事を計算する。

【解答】　最初に、$r > a$ の場合を考える。電界の大きさを求めるために、半径 x [m] $(x > a)$ の球面（閉曲面）を考え、閉曲面上の電界を $E(x)$ とする。閉曲面内の全電荷は Q [C] であるから、電界と電気力線との関係、およびガウスの定理から

$$4\pi x^2 E(x) = \frac{Q}{\varepsilon}$$
$$E(x) = \frac{Q}{4\pi\varepsilon x^2}\quad [\mathrm{V/m}]$$

が得られる。

電位の定義より、1 C の点電荷を無限遠 $(x = \infty)$ から点 $R(x = r)$ に運ぶのに必要な仕事を計算すると、それが電位であるから

$$V(r) = \int_{\infty}^{r}[-1 \times E(x)] \times dx = -\int_{\infty}^{r}\frac{Q}{4\pi\varepsilon x^2}dx$$
$$= -\frac{Q}{4\pi\varepsilon}\int_{\infty}^{r}\frac{1}{x^2}dx = -\frac{Q}{4\pi\varepsilon}\left[-\frac{1}{x}\right]_{\infty}^{r}$$
$$= -\frac{Q}{4\pi\varepsilon}\left\{-\frac{1}{r}-\left(-\frac{1}{\infty}\right)\right\} = \frac{Q}{4\pi\varepsilon r}\quad [\mathrm{V}]$$

となる。

つぎに、$r < a$ の場合の電界の大きさを求める。半径 x [m] $(x < a)$ の球面（閉曲面）を考え、閉曲面上の電界を $E(x)$ とする。

球内の電荷密度は

$$\rho = \frac{\text{半径}\, a\,[\text{m}]\,\text{の球内の電荷}}{\text{半径}\, a\,[\text{m}]\,\text{の球内の体積}} = \frac{Q}{\frac{4}{3}\pi a^3} = \frac{3Q}{4\pi a^3} \quad [\text{C/m}^3]$$

である。半径 x [m] の球の体積は $V = 4\pi x^3/3$ [m^3] であるから、半径 x [m] の球内（閉曲面内）の電荷 Q' は

$$Q' = \rho V = \frac{3Q}{4\pi a^3} \times \frac{4\pi x^3}{3} = \frac{Qx^3}{a^3} \quad [\text{C}]$$

である。したがって、電界と電気力線との関係およびガウスの定理より

$$4\pi x^2 E(x) = \frac{Q'}{\varepsilon}$$

$$4\pi x^2 E(x) = \frac{Qx^3}{\varepsilon a^3}$$

$$E(x) = \frac{Qx}{4\pi\varepsilon a^3} \quad [\text{V/m}]$$

となる。全範囲の電界 $E(x)$ を**図 I.10** に示す。

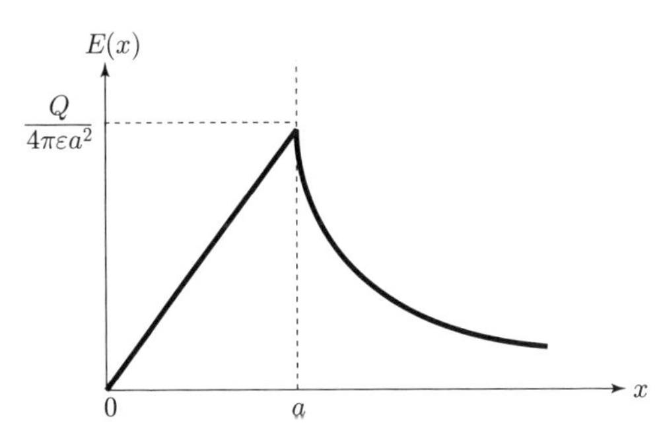

図 I.10　球内・外の電界

電位の定義より電位 $V(x)$ を求めると、つぎのようになる。

$$\begin{aligned} V(r) &= \int_{\infty}^{r} [-1 \times E(x)] \times dx \\ &= -\int_{\infty}^{a} \frac{Q}{4\pi\varepsilon} \cdot \frac{1}{x^2} dx + \left(-\int_{a}^{r} \frac{Q}{4\pi\varepsilon a^3} x dx \right) \\ &= -\frac{Q}{4\pi\varepsilon} \int_{\infty}^{a} \frac{1}{x^2} dx - \frac{Q}{4\pi\varepsilon a^3} \int_{a}^{r} x dx \end{aligned}$$

$$= -\frac{Q}{4\pi\varepsilon}\left(\left[-\frac{1}{x}\right]_{\infty}^{a} + \left[\frac{1}{2a^3}x^2\right]_{a}^{r}\right)$$

$$= -\frac{Q}{4\pi\varepsilon}\left\{\left[-\frac{1}{a} - \left(-\frac{1}{\infty}\right)\right] + \left[\frac{1}{2a^3}r^2 - \frac{1}{2a^3}a^2\right]\right\}$$

$$= \frac{\left(3a^2 - r^2\right)Q}{8\pi\varepsilon a^3} \quad [\mathrm{V}]$$

（答）　1. $r < a$ の場合、$V(r) = \dfrac{\left(3a^2 - r^2\right)Q}{8\pi\varepsilon a^3}$ [V]

2. $r > a$ の場合、$V(r) = \dfrac{Q}{4\pi\varepsilon r}$ [V]

【電磁気学で必要な不定積分の公式】（暗記するように）

$$\int x\,dx = \frac{1}{2}x^2 + C \qquad \int x^0 dx = \int dx = x + C$$

$$\int \frac{1}{x}dx = \log_e x + C \qquad \int \frac{1}{x^2}dx = -\frac{1}{x} + C$$

〔定積分の公式〕

$$\int_a^b x\,dx = \left[\frac{1}{2}x^2\right]_a^b = \frac{1}{2}b^2 - \frac{1}{2}a^2 = \frac{b^2 - a^2}{2}$$

$$\int_a^b dx = [x]_a^b = b - a$$

$$\int_a^b \frac{1}{x}dx = [\log_e x]_a^b = \log_e b - \log_e a = \log_e\left(\frac{b}{a}\right)$$

$$\int_a^b \frac{1}{x^2}dx = \left[-\frac{1}{x}\right]_a^b = -\frac{1}{b} - \left(-\frac{1}{a}\right) = \frac{b-a}{ab}$$

〔自然対数と常用対数の区別〕

自然対数：$\log_e x = \ln x$

常用対数：$\log_{10} x = \log x$

第6節　電位差

■ **電位差の定義：**　ある点に $+1\,\mathrm{C}$ の点電荷を置き、この点電荷をもう一方の点まで移動させるために必要な仕事が電位差である。

つまり、点 $\mathrm{A}(x=a)$ から点 $\mathrm{B}(x=b)$ まで、電界に逆らって $+1\,\mathrm{C}$ の点電荷を移動させるときに必要な仕事が電位差 V_{BA} であるから

$$V_{\mathrm{BA}} = \int_a^b [-1 \times E(x)] \times dx \tag{I.6}$$

となる。

> **【例題 6.1】**　半径 $a\,[\mathrm{m}]$ の円柱表面に、長さ $1\,\mathrm{m}$ 当たり $\lambda\,[\mathrm{C/m}]$ の電荷が一様に分布している。円柱の中心軸から、$b\,[\mathrm{m}]$ 離れた点 B と $c\,[\mathrm{m}]$ 離れた点 C との電位差 V_{BC} を導き出せ。ただし、円柱内・外の全領域にわたって誘電率は ε とし、$c > b > a$ とする。必ず単位を書くこと。

(考え方)　① $c > b > a$ より、半径 $a\,[\mathrm{m}]$ の円柱の外側の電界を求める。

② 円柱から出る電気力線に垂直な面は、半径 $x\,[\mathrm{m}]$ の円筒（ガウスの定理で用いる閉曲面）の側面である。

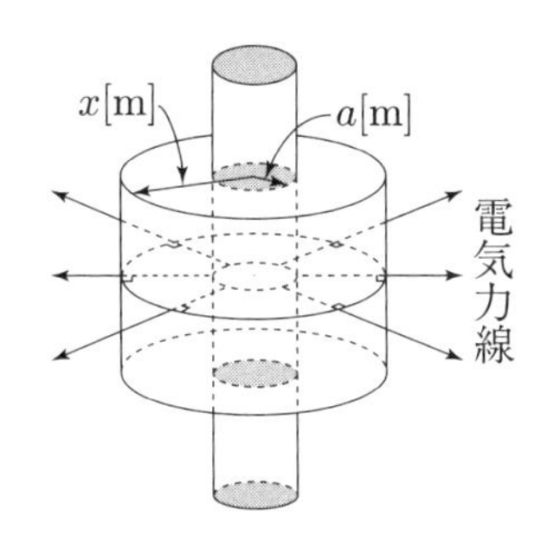

図 I.11　ガウスの定理で用いる閉曲面（半径 x [m] の円筒）

【解答】　円柱の中心軸から $x\,[\mathrm{m}]$ 離れた点での電界の大きさ $E(x)$ を求める。また、条件 $c > b > a$ より、$x > a$ の場合を考える。

円柱から出る電気力線に垂直な面は、半径 $x\,[\mathrm{m}]$ の円筒の側面である。したがって、ガウスの定理に用いる閉曲面として半径 $x\,[\mathrm{m}]$、長さ $L\,[\mathrm{m}]$ の円筒を考え、円筒の側面の電界の大きさを $E(x)$ とする。

閉曲面内の電荷は、$\lambda L\,[\mathrm{C}]$ であるから、ガウスの定理から求められる電気力線の数 N は

$$N = \frac{\lambda L}{\varepsilon} \quad [本]$$

である。一方、円筒の側面の面積は $2\pi xL$ [m^2] であるから、電界と電気力線との関係から求められる電気力線の数 N は

$$N = 2\pi xLE(x) \quad [本]$$

である。両者は等しいので

$$2\pi xLE(x) = \frac{\lambda L}{\varepsilon}$$

$$E(x) = \frac{\lambda}{2\pi\varepsilon x} \quad [\mathrm{V/m}]$$

となる。

点 C $(x = c)$ に $+1$ C の点電荷を置き、そこから点 B $(x = b)$ までこの点電荷を動かすのに必要な仕事が電位差であるので、点 BC 間の電位差 V_{BC} は

$$\begin{aligned} V_{\mathrm{BC}} &= \int_c^b [-1 \times E(x)] \times dx = -\frac{\lambda}{2\pi\varepsilon}\int_c^b \frac{1}{x}dx = -\frac{\lambda}{2\pi\varepsilon}[\log_e x]_c^b \\ &= -\frac{\lambda}{2\pi\varepsilon}(\log_e b - \log_e c) = \frac{\lambda}{2\pi\varepsilon}(\log_e c - \log_e b) \\ &= \frac{\lambda}{2\pi\varepsilon}\log_e\left(\frac{c}{b}\right) \quad [\mathrm{V}] \end{aligned}$$

と求められる。

(答)　$\underline{\dfrac{\lambda}{2\pi\varepsilon}\log_e\left(\dfrac{c}{b}\right) \quad [\mathrm{V}]}$

第7節　完全導体

■ 完全導体の定義：

(1)　完全導体の内部は、電界が0 V/m である。

(2)　完全導体の内部には、静電荷は存在しない（原子核の正の電荷の和と負の電子の電荷の和が等しい）。

(3)　完全導体から出る電気力線は完全導体表面に対して垂直である。

〈上記の定義から導かれる性質〉

(4)　完全導体に帯電体を近づけると、完全導体の表面に電荷が現れる（静電誘導）。

(5)　完全導体のどの点も同電位である。

> **【例題 7.1】**　平板状の完全導体表面に電荷面密度 $\sigma\,[\mathrm{C/m^2}]$ の電荷が一様に分布しているときの、完全導体表面の電界 $E\,[\mathrm{V/m}]$ を導き出せ。

（考え方） ①　電気力線は、電荷が一様に分布している完全導体平面から垂直に出ている。

②　完全導体表面に平行な面を含む閉曲面を考える。

③　完全導体内では電界がないことを用いる。

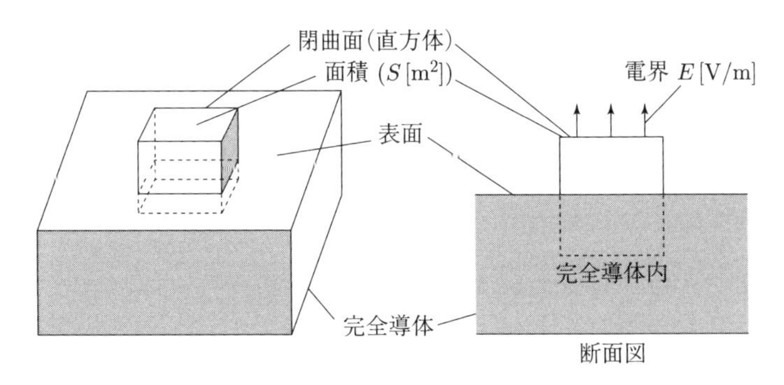

図 I.12　ガウスの定理で用いる閉曲面

【解答】 電荷が一様に分布している完全導体表面から両方向の距離 r [m] のところに、完全導体表面に平行な断面積 S [m^2] の上底および下底をもつ直方体（または円筒）を考える。

この閉曲面内の電荷は、σS [C] である。したがって、ガウスの定理よりこの閉曲面から出ていく電気力線の数 N は

$$N = \frac{\sigma S}{\varepsilon} \quad [本]$$

である。

一方、上底および完全導体中にある下底での電界を E_1 [V/m] および E_2 [V/m] とすると、電界と電気力線の関係から、電気力線の数 N は

$$N = E_1 S + E_2 S \quad [本]$$

である。

しかし、完全導体中では電界が存在しないから

$$E_2 = 0 \quad [\mathrm{V/m}]$$

であり、電気力線 N は

$$N = E_1 S \quad [本]$$

となる。以上より、2つの方法で求めた電気力線の数は等しいから

$$E_1 S = \frac{\sigma S}{\varepsilon}$$

$$E_1 = \frac{\sigma}{\varepsilon} \quad [\mathrm{V/m}]$$

と求められる。

求めた E_1 は完全導体外の電界であり、この値には距離 r が含まれないから、完全導体外では電界の大きさは等しい。したがって、完全導体表面での電界 E は $E = E_1$ である。

（答）　$\dfrac{\sigma}{\varepsilon}$ [V/m]

第8節　電気影像法

完全導体表面での電界と誘起される電荷面密度を、**電気影像法**を用いて求める方法をつぎに示す（図 **I.13**）。

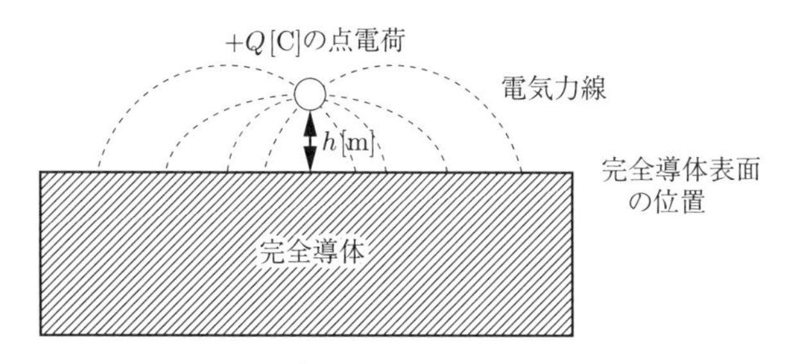

図 I.13　完全導体上空の点電荷からの電気力線

【利用する完全導体の性質】

1. 電界（電気力線）の向きは完全導体表面に垂直である。
2. 電荷は完全導体表面だけに現れる。
3. 完全導体表面の電荷面密度が σ [C/m^2] のとき、電界の大きさは σ/ε [V/m] である。

完全導体表面より上での電気力線（電界）の状態と同じ状態を、図 **I.14** のように2つの電荷（$+Q$、$-Q$）で再現する。

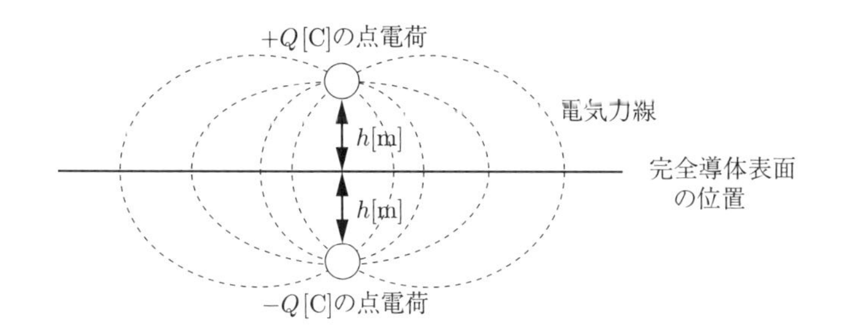

図 I.14　2つの点電荷による電気力線

ちょうど完全導体表面が鏡として働き、$+Q$ [C] の点電荷が鏡に写ったように

$-Q$ [C] の点電荷を反対側に置く。

【例題 8.1】　平板状の完全導体の上空 h [m] のところに点電荷 Q [C] を置いたとき、完全導体表面の点 X（点電荷直下の完全導体表面の点から x [m] 離れた点）の電荷面密度 $\sigma(x)$ を導き出せ。さらに、点電荷 Q と完全導体表面の誘起電荷との間に働く力を導き出せ（**図 I.15**）。単位も書くこと。ただし、$Q > 0$ である。

（考え方）　①　完全導体を取り除く。

②　完全導体表面の位置に対して反対側で距離 h [m] のところに電荷 $-Q$ [C] を置く。ちょうど、完全導体表面が鏡のような感じで、鏡に映った点 A はちょうど点 B であり、電荷が正負反対（鏡では左右反対）となっている。

③　2 つの電荷を用いて、完全導体表面に対応する平面上の点 X での電界をクーロンの法則から求め、最後に $\sigma(x)$ を求める。

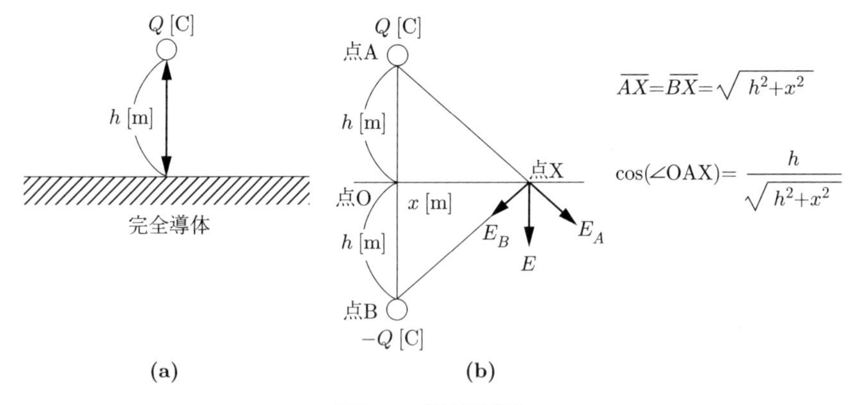

図 I.15　電気影像法

【解答】　電気影像法を用いるために、図 I.15(b) のように点 B に $-Q$ [C] を置く。

つぎに、完全導体表面に対応する平面上の点 X における、点 A の点電荷 Q [C] による電界の大きさ E_{A} を求めるために、点 X に 1 C を置いて、電気力を求める。この大きさが電界の大きさとなるから

$$E_{\mathrm{A}} = \frac{1}{4\pi\varepsilon} \cdot \frac{Q}{\overline{AX}^2} = \frac{1}{4\pi\varepsilon} \cdot \frac{Q}{(h^2 + x^2)} \quad [\mathrm{V/m}]$$

である。同様に、点 X における、点 B の点電荷 $-Q$ [C] による電界の大きさ E_{B} は

$$E_B = \frac{1}{4\pi\varepsilon} \cdot \frac{|-Q|}{\overline{BX}^2} = \frac{1}{4\pi\varepsilon} \cdot \frac{Q}{(h^2+x^2)} \quad [\mathrm{V/m}]$$

となる。

点Aと点Bの点電荷による合成電界の大きさ $E(x)$ は、電界 E_A の E 方向成分 ($E_A \cos\angle\mathrm{OAX}$) と電界 E_B の E 方向成分 ($E_B \cos\angle\mathrm{OAX}$) の和であるから、

$$E(x) = E_A \cos(\angle\mathrm{OAX}) + E_B \cos(\angle\mathrm{OAX})$$

$$E(x) = 2\frac{1}{4\pi\varepsilon} \cdot \frac{Q}{(h^2+x^2)} \cdot \frac{h}{\sqrt{(h^2+x^2)}}$$

$$= \frac{Qh}{2\pi\varepsilon(h^2+x^2)^{3/2}} \quad [\mathrm{V/m}]$$

と求められる。

前節の完全導体で求めたように、完全導体表面の電界 $E(x)$ と導体表面の電荷密度 $\sigma(x)$ [C/m^2] との関係は

$$E(x) = \frac{\sigma(x)}{\varepsilon} \quad [\mathrm{V/m}]$$

である。さらに、上空の点電荷は正であるから、完全導体表面には負の電荷が誘起される。したがって、完全導体表面の点Xでの電荷面密度 $\sigma(x)$ は

$$\sigma(x) = -\varepsilon E(x)$$

$$= -\frac{Qh}{2\pi(h^2+x^2)^{3/2}} \quad [\mathrm{C/m^2}]$$

と求められる。

最後に、点電荷 Q と完全導体表面の誘起電荷との間に働く力を求める。この場合も、電気影像法から求められる。

電気影像法での図からわかるように、$2h$ [m] 離れた $+Q$ [C] と $-Q$ [C] とに働く力であるから、クーロンの法則より

$$F = \frac{1}{4\pi\varepsilon} \cdot \frac{Q^2}{(2h)^2} = \frac{Q^2}{16\pi\varepsilon h^2} \quad [\mathrm{N}]$$

と求められる。さらに、力の方向は完全導体に引き寄せられる方向である。

(答)　$\sigma(x) = -\dfrac{Qh}{2\pi(h^2+x^2)^{3/2}}$ [C/m^2]

$F = \dfrac{Q^2}{16\pi\varepsilon h^2}$ [N]；点電荷と完全導体は引き寄せられる方向に働く

第9節　静電容量

■ **静電容量の定義：**　完全導体Aに $+Q$ [C]、完全導体Bに $-Q$ [C] を与えたとき、導体間の電位差 V [V] は電荷 Q [C] に比例する。

$$Q = CV \tag{I.7}$$

C は比例定数であり、これを**静電容量**とよぶ。単位は F（ファラッド）である。

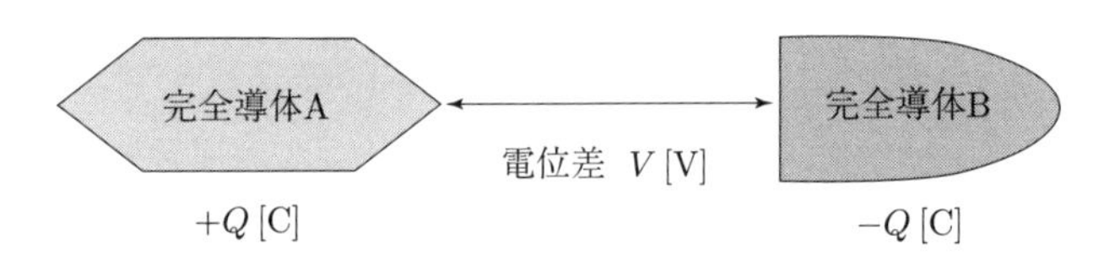

図 I.16　2つの完全導体間に蓄えられる電荷と電位差

【例題 9.1】　半径 a [m] と b [m] の2つの同心完全導体球（AとB）間に誘電率 ε の誘電体が入っている場合の静電容量を導き出せ（**図 I.17**）。

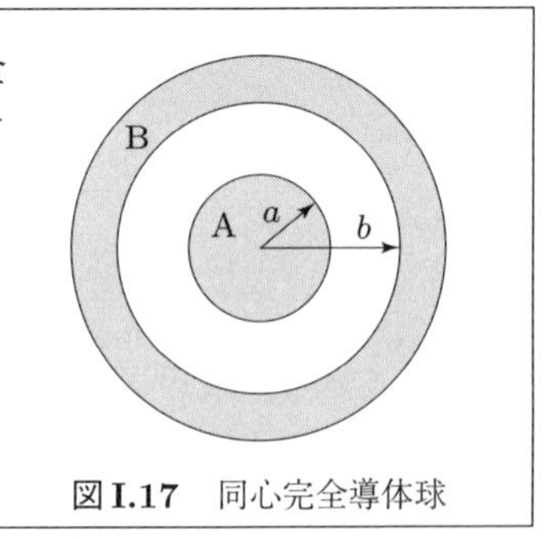

図 I.17　同心完全導体球

（静電容量の求め方）　①　内部球に $+Q$ [C]、外部球に $-Q$ [C] を与える。

②　ガウスの定理から閉曲面を貫く電気力線の本数を求める。

③　電界と電気力線との関係から、閉曲面上の電界を $E(x)$ [V/m] として、電気力線の本数を求める。

④　ガウスの定理および電界と電気力線との関係から求められた電気力線の本数は等しいことを用いて、電界の大きさ $E(x)$ [V/m] を求める。

⑤　1 C の点電荷を、$-Q$ [C] の電荷が帯電している導体から、$+Q$ [C] の電荷が帯電している導体まで動かすのに必要な仕事（つまり電位差）を、積分を用いて

求める。

⑥　静電容量の定義 $Q = CV$ より、静電容量 C [F] を求める。

【解答】　内部球Aに $+Q$ [C]、外部球Bに $-Q$ [C] の電荷を与える。

完全導体間 $(a \leqq x \leqq b)$ の電界 $E(x)$ を求める。半径 x [m] の球面を考え、球面での電界の大きさを $E(x)$ とする。ガウスの定理、および電界と電気力線との関係から求められる電気力線の数は等しいから、つぎのように電界 $E(x)$ が求められる。

$$4\pi x^2 E(x) = \frac{Q}{\varepsilon}$$

$$E(x) = \frac{Q}{4\pi\varepsilon\, x^2} \quad [\mathrm{V/m}]$$

つぎに、両導体間の電位差を求める。1 C の点電荷を外側の球面から内側の球面に運ぶのに必要な仕事が電位差であるから、つぎのようになる。

$$\begin{aligned} V &= \int_b^a [-1 \times E(x)] \times dx = -\int_b^a \frac{Q}{4\pi\varepsilon x^2} dx \\ &= -\frac{Q}{4\pi\varepsilon}\int_b^a \frac{1}{x^2} dx = -\frac{Q}{4\pi\varepsilon}\left[-\frac{1}{x}\right]_b^a = -\frac{Q}{4\pi\varepsilon}\left\{-\frac{1}{a} - \left(-\frac{1}{b}\right)\right\} \\ &= \frac{Q}{4\pi\varepsilon}\left(\frac{1}{a} - \frac{1}{b}\right) = \frac{Q\,(b-a)}{4\pi\varepsilon ab} \quad [\mathrm{V}] \end{aligned}$$

静電容量 C は、$Q = CV$ で定義されているから、つぎのようになる。

$$C = \frac{Q}{V} = \frac{Q}{\frac{Q(b-a)}{4\pi\varepsilon ab}} = \frac{4\pi\varepsilon ab}{b-a} \quad [\mathrm{F}]$$

（答）　$C = \dfrac{4\pi\varepsilon ab}{b-a}$　[F]

【例題 9.2】　同軸ケーブルの 1 m 当たりの静電容量を導き出せ。ただし、誘電率を ε とし、単位も答えること。

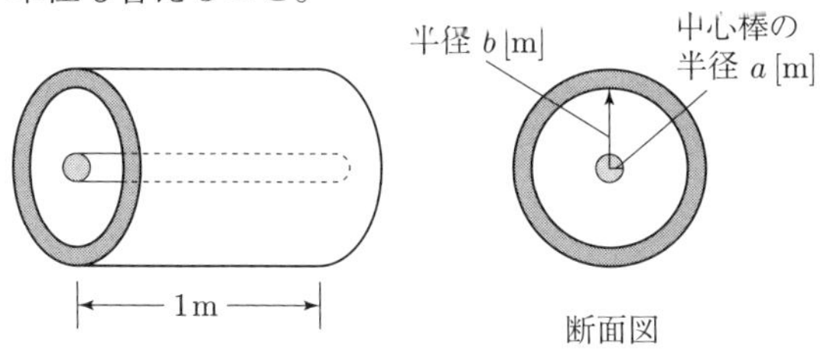

図 I.18　完全導体による同軸ケーブル

【解答】 半径 a [m] の内部円柱導体に 1 m 当たり $+\lambda$ [C/m] の電荷を、これを囲んだ内側の半径が b [m] の外部円筒導体に 1 m 当たり $-\lambda$ [C/m] の電荷を与える。

長さ L [m]、半径 r [m] の円筒（ガウスの定理を用いるための閉曲面）を考えて、円筒の側面での電界の大きさ $E(r)$ を求める。

$$2\pi r \times L \times E(r) = \frac{\lambda L}{\varepsilon}$$

$$E(r) = \frac{\lambda}{2\pi\varepsilon r} \quad [\mathrm{V/m}]$$

つぎに、内部導体と外部導体間の電位差 V を求める。+1 C の点電荷を外側の円筒 $(r = b)$ から内側の円柱 $(r = a)$ まで移動させるときの仕事が電位差である。

$$V = \int_b^a \left(-\frac{\lambda}{2\pi\varepsilon r}\right) dr = -\frac{\lambda}{2\pi\varepsilon}\int_b^a \frac{1}{r} dr = \frac{\lambda}{2\pi\varepsilon}\log_e\left(\frac{b}{a}\right) \quad [\mathrm{V}]$$

$\lambda = C_\lambda V$ より、1 m 当たりの静電容量 C_λ は

$$C_\lambda = \frac{\lambda}{\frac{\lambda}{2\pi\varepsilon}\log_e\left(\frac{b}{a}\right)} = \frac{2\pi\varepsilon}{\log_e\left(\frac{b}{a}\right)} \quad [\mathrm{F/m}]$$

となる。

（答）$C_\lambda = \dfrac{2\pi\varepsilon}{\log_e\left(\frac{b}{a}\right)}$　[F/m]

【例題 9.3】 完全導体である平板状の電極が 2 枚ある。電極面積 S [m^2] で距離 d [m] 離れた平行な電極間に比誘電率 ε_r の誘電体を挟んだ、平行平板コンデンサの静電容量を導き出せ。

【解答】 まず、一方の電極に $+Q$ [C]、他方の電極に $-Q$ [C] を与える。そして、$+Q$ [C] を与えた電極から、他の電極の方へ距離 x [m] 離れた点 X での電界の大きさ $E(x)$ を導き出す。

$x = 0$ m に置いた電極表面には、電荷 Q [C] が一様に分布しているので、電荷面密度は、$\sigma = \frac{Q}{S}$ [C/m^2] である。

一方、電極内の電界は 0 V/m であるから、**図 I.19** の閉曲面（上底と下底の面積が W [m^2] の直方体）から出ていく電気力線の数 N は

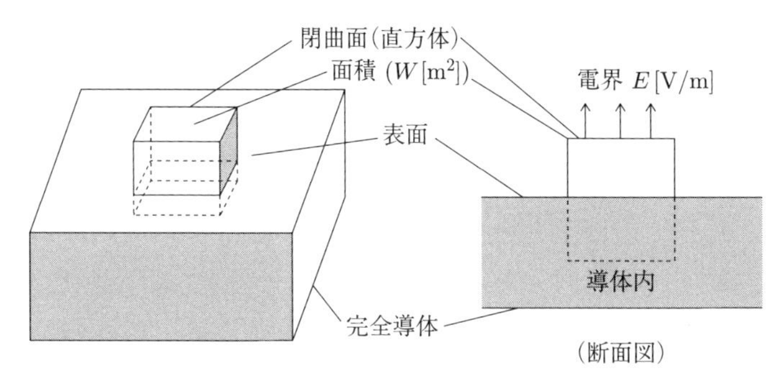

図 I.19　ガウスの定理で用いる閉曲面

$$N = E(x)W + 0 \times W = E(x)W$$

である。ガウスの定理からの N と等しいから

$$E(x)W = \frac{\sigma W}{\varepsilon_r \varepsilon_0}$$

$$E(x) = \frac{Q}{\varepsilon_r \varepsilon_0 S} \quad [\text{V/m}]$$

となる。

つぎに、電極間の電位差 V を導き出す（図 I.20）。電位差は、$x = d$[m] の点に置いた +1 C の点電荷を $x = 0$ m まで移動させるのに必要な仕事であるから

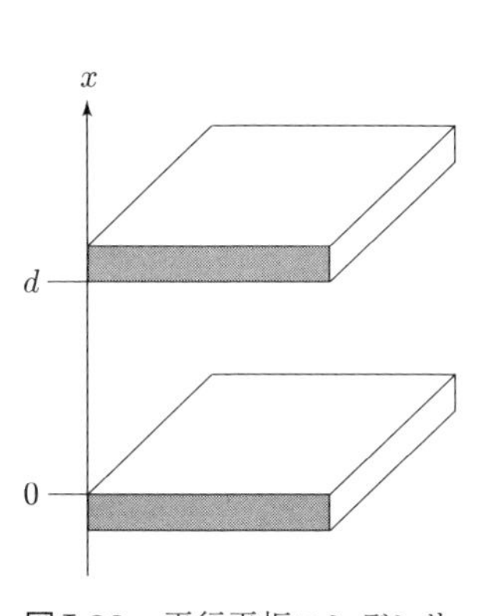

図 I.20　平行平板コンデンサ

$$V = \int_d^0 [-1 \times E(x)] \times dx = -\frac{Q}{\varepsilon_r \varepsilon_0 S}\int_d^0 dx = \frac{Qd}{\varepsilon_r \varepsilon_0 S} \quad [\text{V}]$$

となる。

最後に、$Q = CV$ より

$$C = \frac{Q}{V} = \frac{Q}{\frac{Qd}{\varepsilon_r \varepsilon_0 S}} = \frac{\varepsilon_r \varepsilon_0 S}{d} \quad [\text{F}]$$

と求められる。

（答）　$C = \dfrac{\varepsilon_r \varepsilon_0 S}{d}$ [F]

第 10 節　ポアソン方程式

距離 d [m] 離れた平行な電極間に、固定電荷密度 ρ [C/m^3]、誘電率 ε の誘電体が挟まれた平行平板コンデンサ内の電位差 $V(x)$ [V] は、ポアソン方程式から求められる（図 **I.21**）。

■ ポアソン方程式：

$$\frac{d^2V(x)}{dx^2} = -\frac{\rho}{\varepsilon} \qquad \text{(I.8)}$$

式 (I.5) を微分形式で表した定義

$$E(x) \equiv -\frac{dV(x)}{dx} \qquad \text{(I.9)}$$

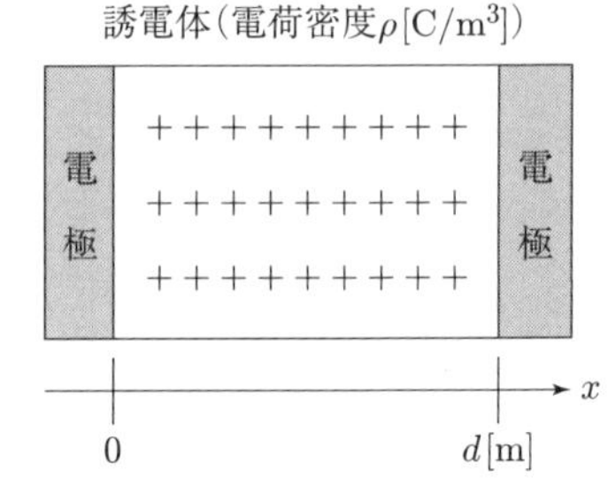

図 I.21　帯電した誘電体による平行平板コンデンサ

【例題 10.1】　平行平板電極間全体に、正の電荷密度 ρ [C/m^3] をもつ比誘電率 ε_r の誘電体が挿入されている。電極間に電圧 V_0 [V] を印加したときの、一方の電極から距離 x [m] での電位差 $V(x)$ と電界 $E(x)$ を求めよ。ここで、電極間隔は d [m]、$V(0) = 0\,\text{V}$、$V(d) = V_0$ [V] とする。単位も正確に書くこと。

【簡単な微分方程式の解法の例（$\boldsymbol{a}$ が定数のとき）】

$$\frac{dy}{dx} = a$$

〈1 回目の積分〉

$$\int \frac{dy}{dx}\,dx = \int a\,dx$$

$$\downarrow$$

$$y = ax + C$$

$$\frac{d^2y}{dx^2} = a$$

〈1 回目の積分〉

$$\int \frac{d^2y}{dx^2}\,dx = \int a\,dx$$

$$\downarrow$$

$$\frac{dy}{dx} = ax + C_1$$

〈2 回目の積分〉

$$\int \frac{dy}{dx}\,dx = \int (ax + C_1)\,dx$$

$$\downarrow$$

$$y = \frac{1}{2}ax^2 + C_1x + C_2$$

【解答】 固定電荷密度は $\rho\,[\mathrm{C/m^3}]$ であるから、解くべき微分方程式はポアソン方程式より

$$\frac{d^2V(x)}{dx^2} = -\frac{\rho}{\varepsilon_r\varepsilon_0}$$

となる。この微分方程式を1回積分する。ここで、積分定数を C_1 とする。

$$\int \frac{d^2V(x)}{dx^2}dx = \int \left(-\frac{\rho}{\varepsilon_r\varepsilon_0}\right)\cdot dx$$

$$\frac{dV(x)}{dx} = -\frac{\rho}{\varepsilon_r\varepsilon_0}x + C_1$$

さらに、もう1回積分する。ここで、積分定数を C_2 とする。

$$\int \frac{dV(x)}{dx}dx = \int \left(-\frac{\rho}{\varepsilon_r\varepsilon_0}x + C_1\right)\cdot dx$$

$$V(x) = -\frac{\rho}{2\varepsilon_r\varepsilon_0}x^2 + C_1x + C_2$$

境界条件 ($V(0) = 0\,\mathrm{V}$) より、C_2 が求められる。

$$0 = -\frac{\rho}{2\varepsilon_r\varepsilon_0}\cdot 0^2 + C_1\cdot 0 + C_2$$

$$C_2 = 0$$

境界条件 ($V(d) = V_0\,[\mathrm{V}]$) より、C_1 が求められる。

$$V_0 = -\frac{\rho}{2\varepsilon_r\varepsilon_0}d^2 + C_1 d$$

$$C_1 = \frac{\rho}{2\varepsilon_r\varepsilon_0}d + \frac{V_0}{d}$$

以上より、距離 $x\,[\mathrm{m}]$ での電位差 $V(x)$ は、つぎのようになる。

$$V(x) = -\frac{\rho}{2\varepsilon_r\varepsilon_0}x^2 + \left(\frac{\rho}{2\varepsilon_r\varepsilon_0}d + \frac{V_0}{d}\right)x$$

さらに、距離 $x\,[\mathrm{m}]$ での電界 $E(x)$ は、つぎのように求められる。

$$E(x) = -\frac{dV(x)}{dx} = \frac{\rho}{\varepsilon_r\varepsilon_0}x - \left(\frac{\rho}{2\varepsilon_r\varepsilon_0}d + \frac{V_0}{d}\right)$$

（答）電界：$E(x) = \frac{\rho}{\varepsilon_r\varepsilon_0}x - \left(\frac{\rho}{2\varepsilon_r\varepsilon_0}d + \frac{V_0}{d}\right)$　$[\mathrm{V/m}]$

電位差：$V(x) = -\frac{\rho}{2\varepsilon_r\varepsilon_0}x^2 + \left(\frac{\rho}{2\varepsilon_r\varepsilon_0}d + \frac{V_0}{d}\right)x$　$[\mathrm{V}]$

【例題 10.2】 平行平板電極間全体に、固定電荷のない、比誘電率 ε_r の誘電体が挿入されている。電極間に電圧 V_0 [V] を印加したときの、距離 x [m] での電位差 $V(x)$ と電界 $E(x)$ を求めよ。ここで、電極間隔は d [m]、$V(0) = 0$ V、$V(d) = V_0$ [V] とする。単位も正確に書くこと。

【解答】 固定電荷密度は $\rho = 0\ \mathrm{C/m^3}$ であるから、解くべき微分方程式はポアソン方程式より

$$\frac{d^2V(x)}{dx^2} = 0$$

となる。この方程式は**ラプラス方程式**とよばれる。

この微分方程式を1回積分する。ここで、積分定数を C_1 とする。

$$\int \frac{d^2V(x)}{dx^2}dx = \int 0 \cdot dx$$

$$\frac{dV(x)}{dx} = C_1$$

さらに、もう1回積分する。ここで、積分定数を C_2 とする。

$$\int \frac{dV(x)}{dx}dx = \int C_1 dx$$

$$V(x) = C_1 x + C_2$$

境界条件 ($V(0) = 0$ V) より、C_2 が求められる。

$$0 = C_1 \cdot 0 + C_2 \qquad C_2 = 0$$

境界条件 ($V(d) = V_0$ [V]) より、C_1 が求められる。

$$V_0 = C_1 d \qquad C_1 = \frac{V_0}{d}$$

以上より、距離 x [m] での電位差 $V(x)$ は、つぎのようになる。

$$V(x) = \frac{V_0}{d}x$$

さらに、距離 x [m] での電界 $E(x)$ は、つぎのようになる。

$$E(x) = -\frac{dV(x)}{dx} = -\frac{V_0}{d}$$

（答）**電界**：$E(x) = -\dfrac{V_0}{d}$　[V/m]　　**電位差**：$V(x) = \dfrac{V_0}{d}x$　[V]

第11節　電　流

■ 電流の定義：

1秒間に、ある断面を通過する電荷の量（電気量）

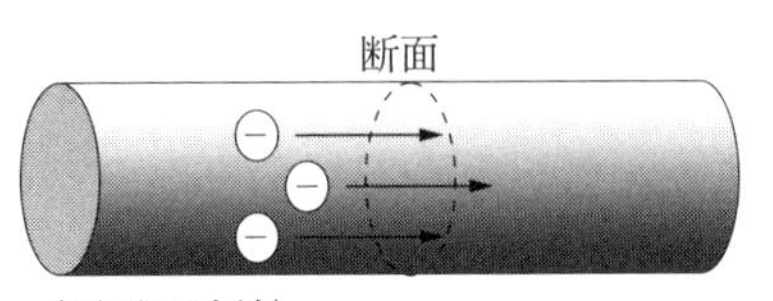

図 I.22　導体を流れる電荷と電流

【例題11.1】　電子が断面積 $S\,[\mathrm{m}^2]$ の導線内を、速度 $v\,[\mathrm{m/s}]$ で移動しているときの電流を導き出せ。さらに、電流の向きも答えよ。ただし、導線内の電子密度は $n\,[\mathrm{m}^{-3}]$、電子の電荷を $-q\,[\mathrm{C}]$ とする。

（考え方）①　導線の断面 ($S\,[\mathrm{m}^2]$) を1秒間に通過する電子の個数を求める。

②　求めた電子の個数を用いて、その断面を通過した電荷の量を求める。この量が、電流となる。

【解答】

時刻 $t=0$ 秒のときに断面Aにいる電子は、1秒後には断面Aから v[m] 離れた断面Bにたどり着く。したがって、1秒間に断面Aを通過した電子は断面Aと断面Bとの間にいる。この体積は、$Sv\,[\mathrm{m}^3]$ であるので、この体積内に存在する電子は nSv [個] となる。

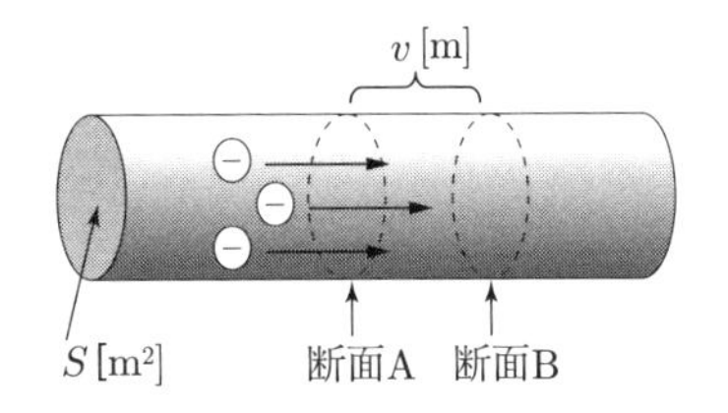

図 I.23　断面を1秒間に通過する電荷

以上より、1秒間に断面Aを通過した電荷の量は、$-qnSv\,[\mathrm{C}]$ である。

（答）　電流の大きさ：$qnSv\,[\mathrm{A}]$　　向き：電子の移動方向と逆

【電子1個の電荷】

電子1個の電荷の絶対値は、$q=1.6\times10^{-19}$ C である。

第 12 節　アンペアの周回積分の法則

導線を中心とした半径 r [m] の円上で、微小長さ dl [m] とその点での磁界の大きさ H [A/m] との積 Hdl を全円周にわたって足し合わせたもの（周回積分 $\oint Hdl$）は、その導線に流れる電流 I [A] に等しい。電流の周りにできる磁力線は、アンペアの右ねじの法則に従い、**図 I.24** のように円になり、反時計回りである。

$$I = \oint Hdl \tag{I.10}$$

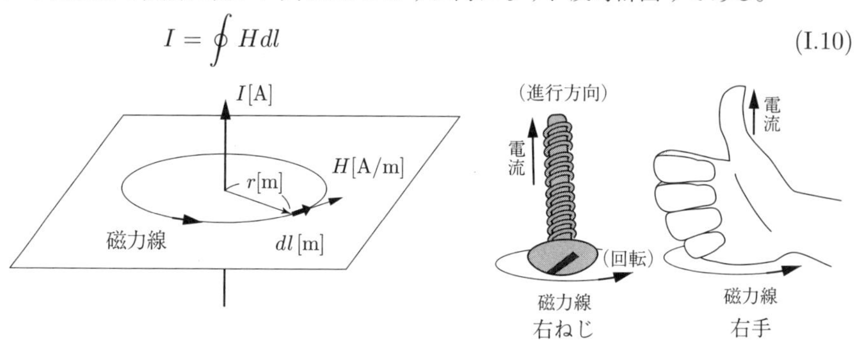

図 I.24　電流による磁力線と磁界

> **【例題 12.1】**　無限に長い直線状の導線に、電流 I [A] が流れている。導線から距離 r [m] における磁界の大きさを求めよ。

【解答】 磁界の大きさ H は半径 r の円周上では同じであるから、式 (I.10) の周回積分からはずれ

$$I = H\oint dl$$

となる。一方、半径 r の円上の微小長さ dl を 1 周足す ($\oint dl$) と円周の長さ ($2\pi r$) になるから、磁界の大きさはつぎのようになる。

$$I = H \times (2\pi r)$$

$$H = \frac{I}{2\pi r}$$

（答）　$H = \dfrac{I}{2\pi r}$ 　[A/m]

第13節　ビオ・サバールの法則

任意の形をした導線に電流 I [A] が流れている。点Pの微小長さ dl [m] に流れる電流により、r [m] 離れた点Qに生じる微小磁界の大きさ dH [A/m] は

$$dH = \frac{I dl \sin\theta}{4\pi r^2} \quad [\mathrm{A/m}] \quad (\mathrm{I.11})$$

で表せる。ただし、電流の方向と点Pから点Qへの方向とのなす角が θ である。これより、任意の形をした導線全体による点Qに生じる磁界 H は、微小磁界の向きを考慮して、微小磁界の大きさを導線全長について足し合わせ（積分 $\int dH$）を行えば求められる。

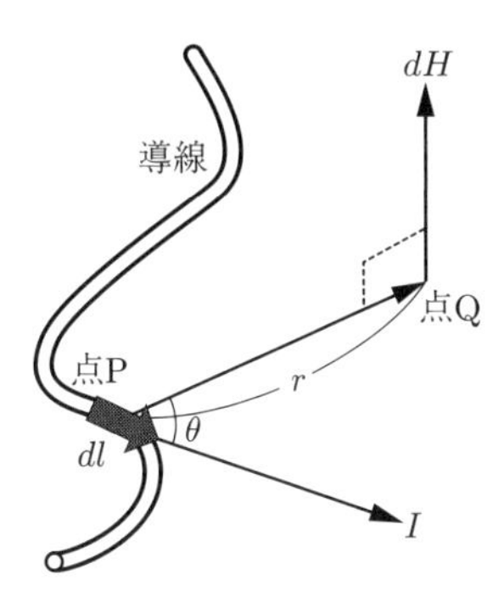

図 I.25　電流で生じる磁界

> **【例題 13.1】**　半径 a [m]、1回巻きの円形コイルに I [A] の電流が流れているとき、コイルの中心における磁界の大きさを導き出せ。

【解答】 点Pに流れる電流が半径 a [m] の円の中心に発生する微小磁界の大きさ dH は、ビオ・サバールの法則より

$$dH = \frac{I dl \sin\theta}{4\pi a^2}$$

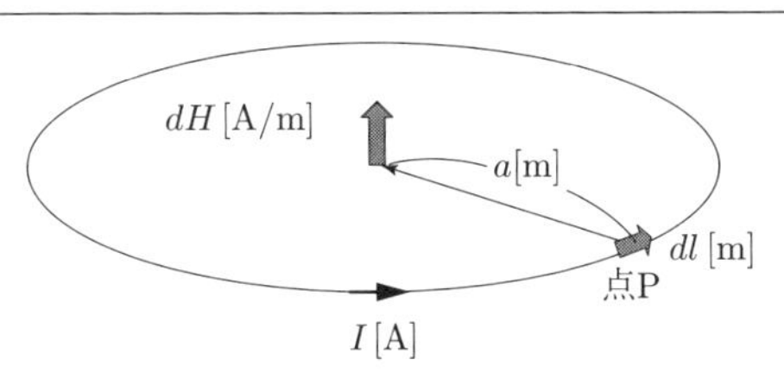

図 I.26　円電流による磁界

である。半径 a の円周上の、すべての点からの微小磁界の大きさを足し合わせると磁界の大きさが求められる。点Pでの電流の方向と中心への方向との角度 θ は 90° であるから、$\sin\theta = 1$ となる。したがって、つぎのようになる。

$$H = \oint \frac{I dl}{4\pi a^2} = \frac{I}{4\pi a^2} \oint dl = \frac{I}{4\pi a^2} \times 2\pi a = \frac{I}{2a}$$

（答）　$H = \dfrac{I}{2a}$　[A/m]

第 14 節　磁界中で電流が受ける力

磁束密度 B [T] 中で、導体に電流 I [A] が流れている。この導体に 1 m 当たり働く力 f [N/m] は

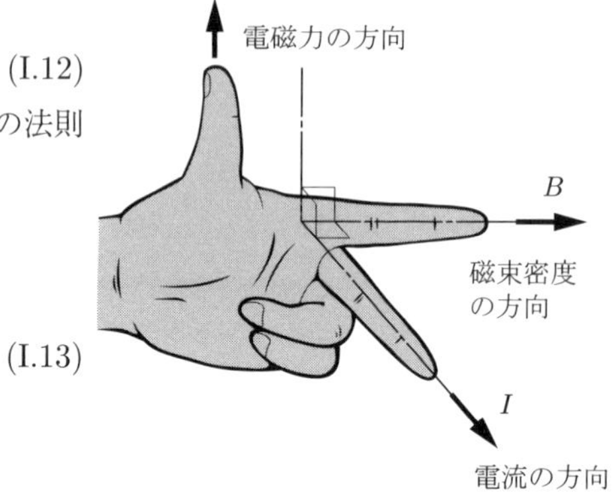

図 I.27　フレミングの左手の法則

- 大きさ：$f = IB\sin\theta$　[N/m]　　(I.12)
- 方 向：**図 I.27** のフレミングの左手の法則で示してある。

■ **磁界 H と磁束密度 B との関係：**

$$B = \mu H \qquad \text{(I.13)}$$

ただし、μ は**透磁率**とよばれる。

【例題 14.1】　平行導線 A と B に働く力を考える。導線 A には I_1 [A] の電流が流れていて、導線 B には I_2 [A] の電流が流れている。導線間の距離を r [m] とする。導線 B に 1 m 当たり働く力の大きさと向きを導き出せ。ただし、透磁率を μ とし、記号 ⊙ は紙面から手前方向、記号 ⊗ は紙面から奥方向を意味する。必ず、単位を書くこと。

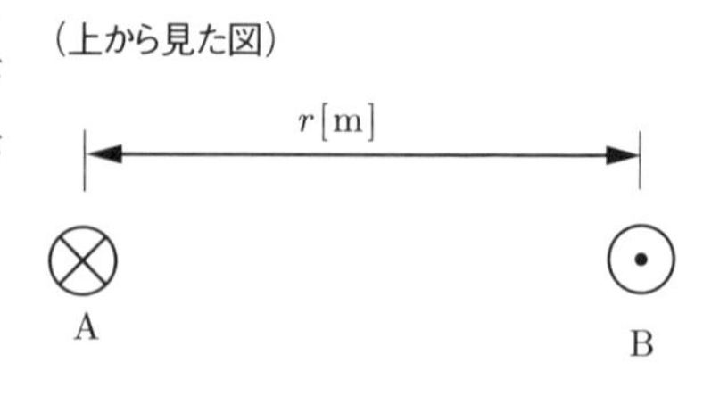

図 I.28　電流が流れる平行導線に働く力

（考え方）

① 導線 A に流れる電流が、他方の導線 B の位置に作る磁界をアンペアの周回積分の法則を用いて求める。

② 求めた磁界中で導線 B に流れる電流が受ける力を求める。

【解答】 (1) 導線Aに流れる電流が導線Bの位置に作る磁界の大きさと向きを導き出す。

導線Aに流れる電流 I_1 [A] により、距離 r [m] 離れた導体Bの場所に生じる磁界の大きさ H_1 [A/m] は、アンペアの周回積分の法則より

$$I_1 = \oint H_1 dl$$

$$I_1 = H_1 \oint dl$$

$$I_1 = H_1 \times (2\pi r)$$

であるから、大きさは

$$H_1 = \frac{I_1}{2\pi r} \quad [\mathrm{A/m}]$$

となり、向きは上から見た**図 I.29** において下向きである。

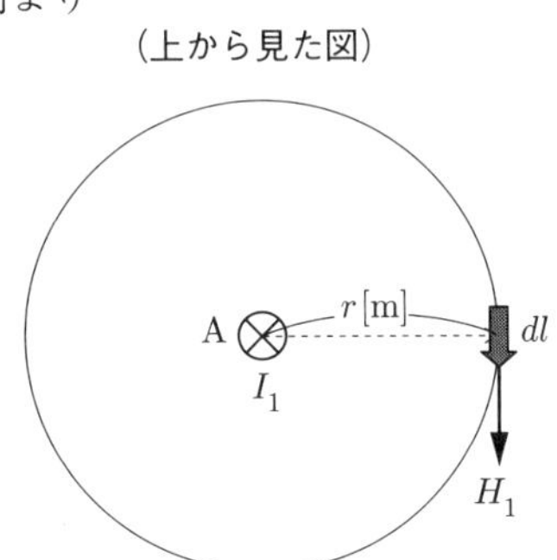

図 I.29　導線Aに流れる電流が導線Bの所に作る磁界

(2) H_1 が導線Bに1m当たりに働く力の大きさと向きを導き出す（**図 I.30**）。

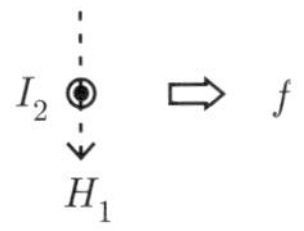

磁界 H と磁束密度 B との関係は、$B = \mu H$ である。一方、磁束密度中で電流が受ける力は1m当たり

$$f = IB\sin\theta$$

である。電流と磁束密度は垂直 ($\theta = 90°$) であるので $\sin\theta = 1$ であり、力の大きさは

図 I.30　導線Bに働く力

$$f = I_2 B_1 \sin 90° = I_2(\mu H_1) \times 1 = \frac{\mu I_1 I_2}{2\pi r} \quad [\mathrm{N/m}]$$

となる。向きはフレミングの左手の法則より、導線Aより離れる方向である。

（答）　大きさ：$f = \dfrac{\mu I_1 I_2}{2\pi r}$ [N/m]　　向き：導線Aより離れる方向

第 15 節　磁界中で荷電粒子が受ける力

1. 電荷 Q [C] をもつ荷電粒子が電界 E [V/m] から受ける力：F_E

- 力の大きさ：$F_E = QE$　[N]　(I.14)
- 力の向き：電界と同じ方向（$Q > 0$ の場合）
  電界と反対方向（$Q < 0$ の場合）

2. 電荷 Q [C] をもつ荷電粒子が速度 v [m/s] で移動するとき、磁束密度 B [T] から受ける力：F_B

（ただし、速度と磁束密度のなす角は θ である）

- 力の大きさ：$F_B = QvB\sin\theta$　[N]　(I.15)
- 力の向き：**図 I.31** 参照（$Q > 0$ の場合）
  図 I.31 と反対方向（$Q < 0$ の場合）

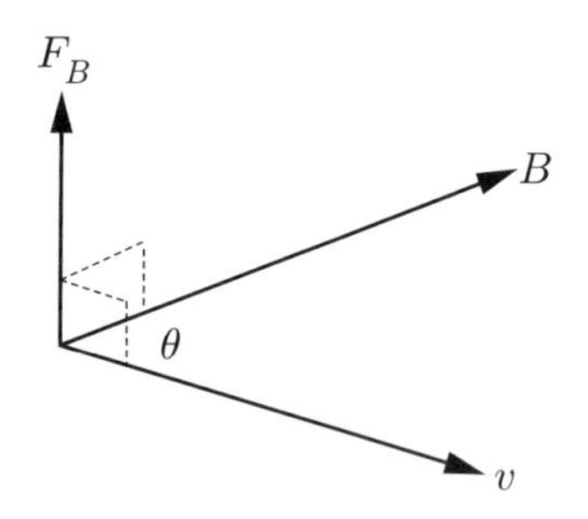

図 I.31　速度 v で移動する正の荷電粒子が磁界から受ける力

【例題 15.1】　磁界 H [A/m] の中に、電流 I [A] が流れている直線状導線を置いた。磁界の方向と電流の方向とのなす角度が θ であるとき、この導線 1 m 当たりに働く力 F [N/m] を、以下の問いに答えながら、導線内の電子に働く力に注目して導き出せ。ただし、電子 1 個の電荷は $-q$ [C] であり、透磁率は μ [H/m] である。

(1)　導線内を電子が速度 v [m/s] で移動している。このとき、1 個の電子に働

く力 f_e[N] を求めよ。

(2) 導線の断面積を S [m^2]、導線中を移動できる電子密度を n [m^{-3}] としたとき、導線 1 m 当たりに存在する電子の数 N[個] を求めよ。

(3) 長さ 1 m の導線内の全電子が受ける力 f [N/m] を、問 (1) と (2) から求めよ。ただし、記号 f_e は用いないこと。

(4) 電子の移動の観点から、この導線中を流れる電流 I を求めよ。

(5) 以上から、導線 1 m 当たりに働く力 F [N/m] を求めよ。

【解答】 (1) 導線内を電子が速度 v [m/s] で移動している。このとき、1 個の電子に働く力 f_e を求めると

$$f_e = (-q)\,v\,(\mu H)\sin\theta \quad \text{[N]}$$

であるから、力の大きさと方向はつぎのようになる。

- 大きさ：$f_e = qv\mu H\sin\theta$　[N]
- 方 向：**図 I.32** 参照（マイナス符号のため下向きになる）

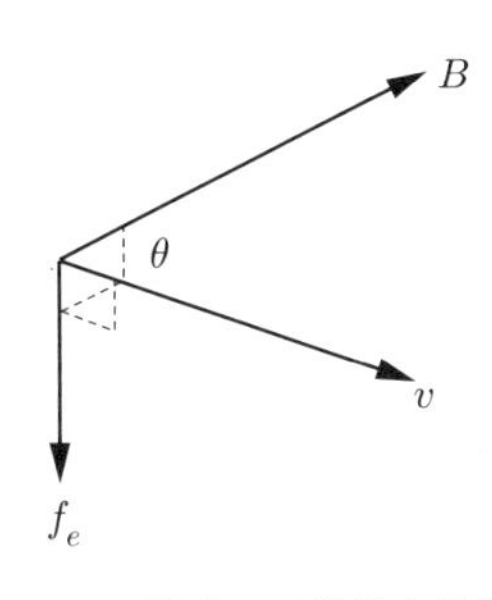

図 I.32　速度 v で移動する電子が磁界から受ける力

(2) 導線の断面積を S [m^2]、導線中を移動できる電子密度を n [m^{-3}] としたとき、導線 1 m 当たりに存在する電子の数 N[個] を求める。

$$N = (\text{電子密度}) \times (\text{体積}) = n(S \times 1) = nS \quad \text{[個]}$$

(3) 長さ 1 m の導線内の全電子が受ける力 f [N/m] を、問 (1) と (2) から求める。ただし、記号 f_e は用いないこと。

1 個の電子に働く力が f_e [N] であり、1 m の導体中には電子が N[個] いるから、つぎのようになる。

- 大きさ：$f = N f_e = q\mu nSvH$　[N/m]
- 方 向：(1) と同じ方向

(4) 電子の移動の観点から、この導線中を流れる電流 I を求める。

電流は 1 秒間にある断面を通過した電荷であるから

（電子の電荷）×（電子密度）×（1 秒間に断面を通過した電子が存在する体積）

である。したがって、つぎのようになる。

- 大きさ：$I = qnSv$　[A]

  （方 向：電子の移動方向と反対方向）

(5) 以上から、導線1 m当たりに働く力 F [N/m] はつぎのようになる。

- 大きさ：$F = f = \mu(nqSv)H = \mu IH$　[N/m]
- 方 向：(1) と同じ方向

【例題 15.2】　直方体のp型半導体（移動する荷電粒子は正孔）の左面から右面に電流 I [A] を流す。さらに、**図 I.33** に示すように、側面に対して垂直に磁束密度 B [T] をかける。このとき上面と下面との間に発生する電圧（ホール電圧 V_H [V]）を測定し、半導体中の正孔密度 p [m^{-3}] を見積もる。以下の問いに答えよ。ただし、正孔は正電荷 q [C] をもっている。向きは、上下、左右、手前・奥で答えよ。

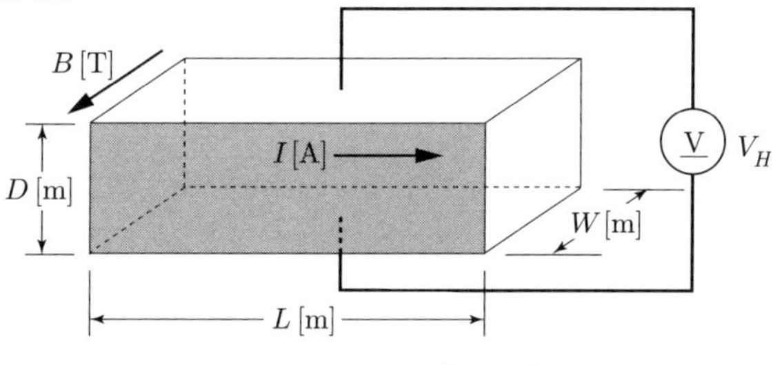

図 I.33　ホール効果測定

(1)　正孔が速さ v [m/s] で移動している。このとき、正孔に働く力の大きさと向きを答えよ。

(2)　上記の力により正孔が1つの面に蓄積することで、電界 E [V/m] が発生した。この電界により、正孔に働く力の大きさと向きを答えよ。

(3)　定常状態（磁界による力と電界による力とがつり合った状態）での電界の大きさを求めよ。

(4)　ホール電圧 V_H を求めよ。

(5)　半導体中の正孔密度を p [1/m^3] としたとき、電流の大きさを、正孔の速さを用いて表せ。

(6)　正孔密度を、B、I、V_H などを用いて表せ。

【解答】(1) 正孔が速さ v [m/s] で移動している。このとき、正孔に働く力の大きさ f_B と向きを考える（**図 I.34**(a))。

正の電荷をもつ荷電粒子の移動する方向が電流の方向であるから、正の電荷をもつ正孔の場合は、電流と同方向に移動している。

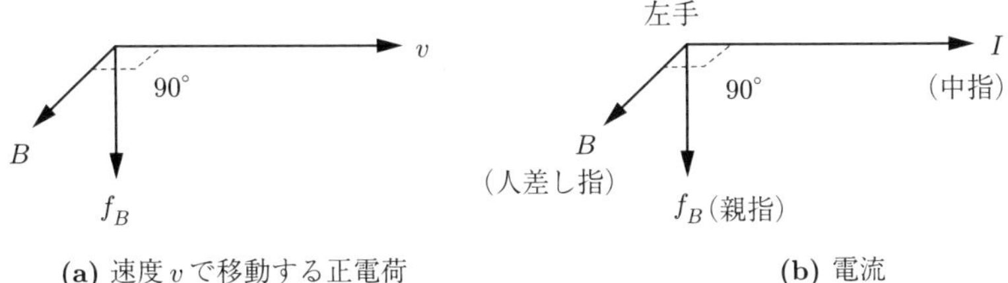

(a) 速度 v で移動する正電荷　　**(b)** 電流

図 I.34　磁界から受ける力の方向

- 大きさ：$f_B = qvB$　[N]
- 方 向： 下方向

フレミングの左手の法則（図 I.34(b)）から考えても力は下方向に働く。

(2) 上記の力により正孔が下面に蓄積することで、上方向に電界 E [V/m] が発生する。この電界により、正孔に働く力の方向は電界の向きと同じである。

- 大きさ：$f_E = qE$　[N]
- 方 向： 上方向

(3) 定常状態とは、磁界による力 f_B と電界による力 f_E がつり合った状態であるから、電界の大きさ E は、つぎのように求められる。

$$\begin{aligned} f_E &= f_B \\ qE &= qvB \\ E &= vB \end{aligned}$$

(4) ホール電圧を求める。

下面から上面までの電界は一定 (vB) であるので、下面と上面との電位差（ホール電圧）V_H は、電位差の定義よりつぎのように求められる。

$$\begin{aligned} V_H &= \int_D^0 (-vB)dx = -vB\int_D^0 dx = -vB\,[x]_D^0 \\ &= -vB(0-D) = vBD \quad [\mathrm{V}] \end{aligned}$$

(5) 半導体中の正孔密度を p [1/m^3] としたとき、電流の大きさ I は、電流の定義より

（正孔の電荷）×（正孔密度）×（1秒間に断面 WD を通過した正孔が存在する体積）

で表される。

$$I = q \times p \times (WDv) = qpWDv \quad [\mathrm{A}]$$

(6) 正孔密度はつぎのように求められる。

電流の式を変形して得られた $vD = I/qpW$ を、ホール電圧の式に代入すると

$$V_H = vBD = B \times \left(\frac{I}{qpW}\right) = \frac{IB}{qpW}$$

となるので、正孔密度は

$$p = \frac{IB}{qWV_H} \quad [\mathrm{m}^{-3}]$$

と求められる。

【考えてみよう】

1. 移動できる荷電粒子が負の電荷である電子の場合（n型半導体の場合）を考えてみよう。
2. 磁束密度の方向が逆の方向の場合を考えてみよう。
3. 電流の方向が逆の方向の場合を考えてみよう。

第16節　電磁誘導

■ **ファラデーの法則：** コイルと交わる磁束が変化するとき、そのコイルに誘起される誘導起電力 e [V] の大きさは、コイルを貫く磁束 Φ [Wb] が時間に対して変化する割合が大きいほど大きい。

$$e \propto \frac{d\Phi}{dt} \tag{I.16}$$

■ **レンツの法則：** 誘導起電力の方向は、誘導電流による磁束がコイルを貫く磁束の変化を妨げる向きである（電流が作る磁束は図 I.26 参照）。

$$e = -\frac{d\Phi}{dt} \quad [\mathrm{V}] \tag{I.17}$$

■ **磁束 Φ と磁束密度 B との関係：** 磁束に垂直な面積を S [m^2] とすると、つぎの関係が成り立つ。

$$\Phi = BS \quad [\mathrm{Wb}] \tag{I.18}$$

【例題 16.1】 磁束密度が $B = 0.5\,\mathrm{T}$ のところに、コイルの面積が $10\,\mathrm{cm}^2$、1000 回巻きのコイルが置かれている。磁束密度が 10 秒間で 0.1 T に減少したときにコイルに発生する誘導起電力 e_{1000} [V] を求めよ。

（考え方）① $d\Phi/dt$ は、磁束の時間変化を意味している。つまり、変化が一定の場合は、ある時間 (Δt) に変化した磁束の量 $(\Delta\Phi)$ を求めると、誘導起電力 e_1 [V] はつぎのように表せる。

$$e_1 = -\frac{\Delta\Phi}{\Delta t}$$

② 1 回巻きのコイルに発生する誘導起電力 e_1 が上式で表され、N 回巻きの場合はコイルが直列につながれているため、1 回巻きのコイルに発生する誘導起電力 e_1 の N 倍になる $(e_N = Ne_1)$。

③ 面積の値は、m^2 に換算すること。

【解答】 磁束が10秒間で変化した量 $\Delta\Phi$ は

$$\Delta\Phi = \Delta B \times S = (0.1 - 0.5) \times \left(10 \times 10^{-4}\right) = -4 \times 10^{-4}\ \text{Wb}$$

であるから

$$e_{1000} = -N\frac{\Delta\Phi}{\Delta t} = -1000\frac{-4 \times 10^{-4}}{10} = 4 \times 10^{-2}\ \text{V}$$

となる。

（答） 4×10^{-2}　V

【例題 16.2】 **図 I.35** のように幅 L [m] の導体レールの上を導体の棒が、速さ v [m/s] で磁束を横切りながら滑っている。ただし、レールの傾斜は床に対して θ、磁束密度は B [T]、抵抗は R [Ω] とし、導体の抵抗は無視する。磁束は床から垂直上方に向いている。以下の問いに答えよ（単位も書くこと）。

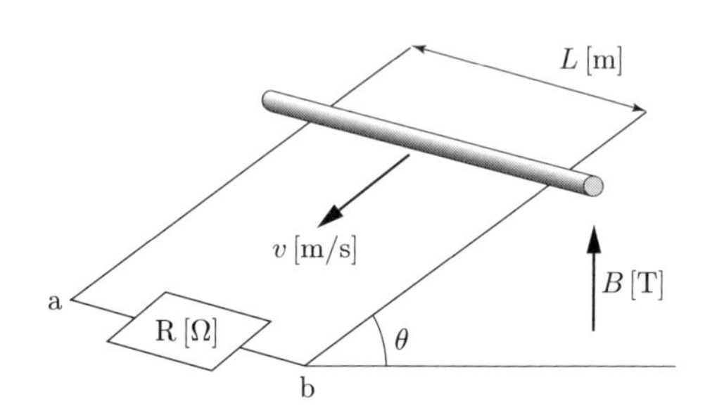

図 I.35　導体レールを滑り落ちる導体棒

(1)　抵抗にかかる電圧 V [V] を求めよ。

(2)　抵抗に流れる電流の大きさ I [A] と向き（a 方向か、b 方向か）を答えよ。

（考え方）①　導体レール、導体の棒と抵抗で成り立つ閉回路を通過する磁束の増加をつぎのようにして求める。

②　Δt 秒間に、速さ v [m/s] で落下する導体の棒による閉回路の面積の減少は $vL\Delta t$ である。

③　磁束に垂直な面積の減少は、$vL\Delta t\cos\theta$ である。

④　Δt 秒間に減少する磁束は、$vL\Delta tB\cos\theta$ である。

⑤　したがって、Δt 秒間に増加する磁束 $\Delta\Phi$ は、$-vL\Delta tB\cos\theta$ である。

【解答】 (1) 抵抗にかかる電圧 V は、閉回路に発生する誘導起電力 e であるから、つぎのようになる。

$$V = e = -\frac{\Delta\Phi}{\Delta t} = -\frac{-vL\Delta tB\cos\theta}{\Delta t} = vLB\cos\theta \quad [\mathrm{V}]$$

(2) 抵抗に流れる電流は、閉回路を通過する磁束の減少を妨げる方向であるから、図I.26を参照してbの方向である。そして、抵抗に流れる電流は、オームの法則 $(V = RI)$ から、つぎのようになる。

- 大きさ：$I = \dfrac{V}{R} = \dfrac{vLB\cos\theta}{R}$ [A]　• 向き：b方向

【例題 16.3】 下図のように、コイルを毎秒 f 回の定速度で回転させたときに発生する起電力を考える。以下の問いに答えながら、起電力 $e(t)$ [V] を求めよ。磁石間の磁束密度は B [T] である。

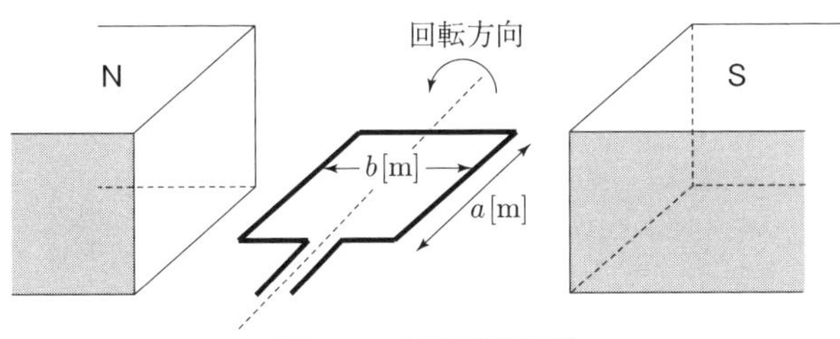

図 I.36　回転型発電機

(1) 磁束とコイル面とがなす角を θ [ラジアン] とする。以下の場合、コイル内を通過する磁束を求めよ。

(1–1) $\theta = 0$ ラジアンの場合（**図 I.36** の場合）

(1–2) $\theta = \pi/2$ ラジアンの場合

(1–3) θ [ラジアン] の場合

(2) 1回転するのに必要な時間を求めよ。

(3) $t = 0$ 秒のとき $\theta = 0$ ラジアンとし、時刻 t 秒での $\theta(t)$ を求めよ。

(4) 時刻 t 秒のとき、コイル内を通過する磁束 $\Phi(t)$ を求めよ。

(5) コイルで発生する起電力 $e(t)$ を導き出せ。

(6) コイルで発生する起電力を2周期分描け。ただし、横軸、縦軸の値を示すこと。

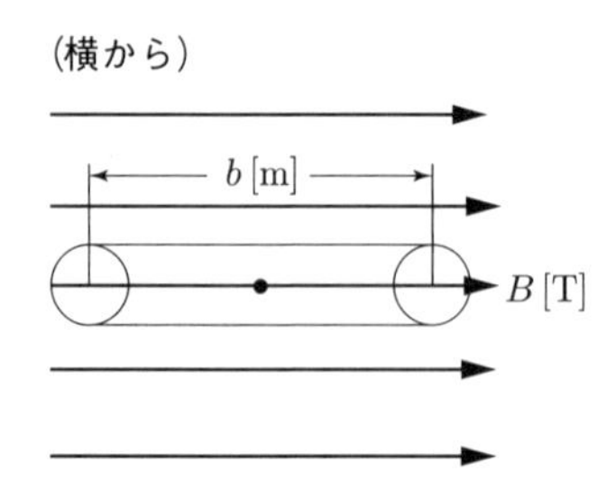

図 I.37　コイル面が磁束と平行

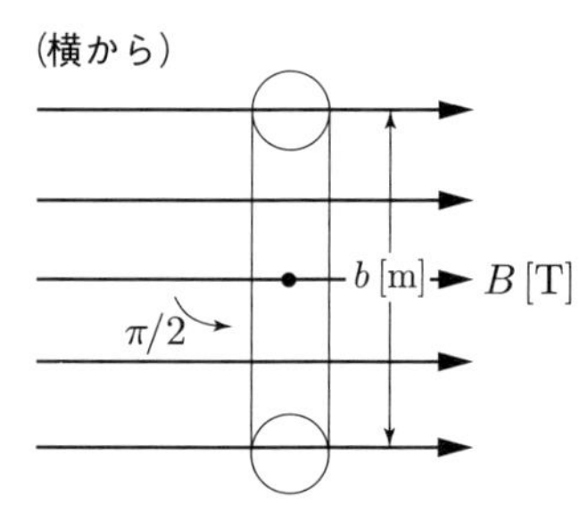

図 I.38　コイル面が磁束と垂直

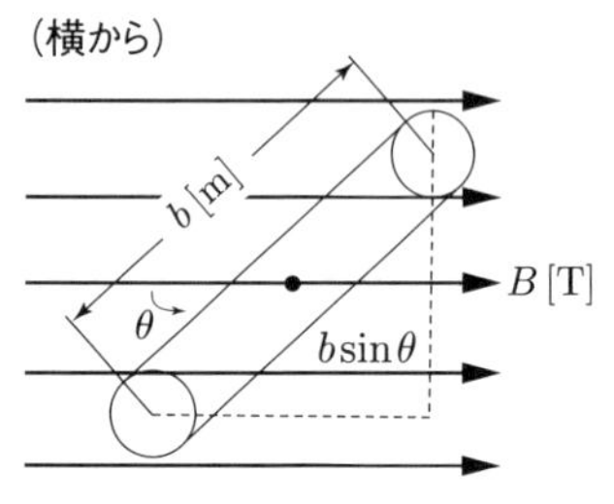

図 I.39　コイル面と磁束がなる角 θ

【解答】(1) 以下の場合のコイル内を通過する磁束を求める。

(1-1) $\theta = 0$ ラジアンの場合

コイル面と磁束は平行であるので、コイル面を横切る磁束は存在しない。したがって

$$\Phi = 0 \quad \text{Wb}$$

である。

(1-2) $\theta = \pi/2$ ラジアンの場合

コイル面と磁束が垂直であり、コイル面の面積は $ab\,[\text{m}^2]$ であるから、コイル面を通過する磁束は

$$\Phi = Bab \quad [\text{Wb}]$$

である。

(1-3) θ [ラジアン] の場合

磁束に垂直な面積は、奥行き $a\,[\text{m}]$ であり、高さは $b\sin\theta$ [m] であるから、コイル面を通過する磁束は

$$\Phi = Bab\sin\theta \quad [\text{Wb}]$$

となる。

【答の確認方法】

$\theta = 0$ ラジアンの場合

$$\Phi = Bab\sin 0 = 0 \quad \text{Wb}$$

$\theta = \pi/2$ ラジアンの場合

$$\Phi = Bab\sin\frac{\pi}{2} = Bab \quad [\text{Wb}]$$

となるので、(1-1) と (1-2) の答と同じになる。

(2) 1 回転するのに必要な時間を求める。

コイルが毎秒 f 回の定速度で回転するので、$1/f$ 秒で 1 回転することになる。

(3) $t = 0$ 秒のとき $\theta = 0$ ラジアンとしたとき、時刻 t 秒での $\theta(t)$ を求める。

1回転は2πラジアン(360°)であるから、$1/f$秒で$\theta = 2\pi$ラジアンになる。したがって

$$\theta(t) = 2\pi ft \quad [\text{ラジアン}]$$

となる。

(4) 時刻t秒のとき、コイル内を通過する磁束$\Phi\,(t)$を求める。

(1-3)の答より

$$\Phi(t) = Bab\sin\theta = Bab\sin(2\pi ft) \qquad [\text{Wb}]$$

となる。

(5) コイルで発生する起電力$e(t)$を導き出す。

コイルを通過する磁束が変化すると、コイルに誘導起電力が発生するので、その値はファラデーの法則とレンツの法則より

$$\begin{aligned} e(t) &= -\frac{d\Phi(t)}{dt} = -Bab\frac{d}{dt}\sin(2\pi ft) \\ &= -2\pi fBab\cos(2\pi ft) \qquad [\text{V}] \end{aligned}$$

となる。

(6) コイルで発生する誘起起電力を2周期分示す。

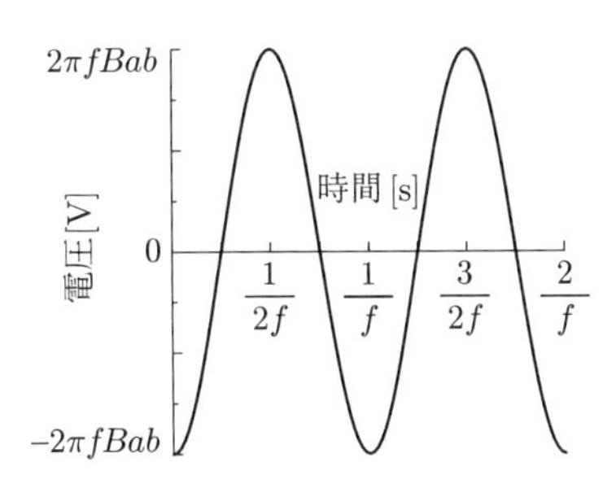

図 I.40　回転型発電機からの起電力

【交流電源の波形】　商用交流の電圧や電流が三角関数（$\sin\theta$と$\cos\theta$）で表されるのは、今回のような発電機で発電されているからである。

付　録

【数学のまとめ】

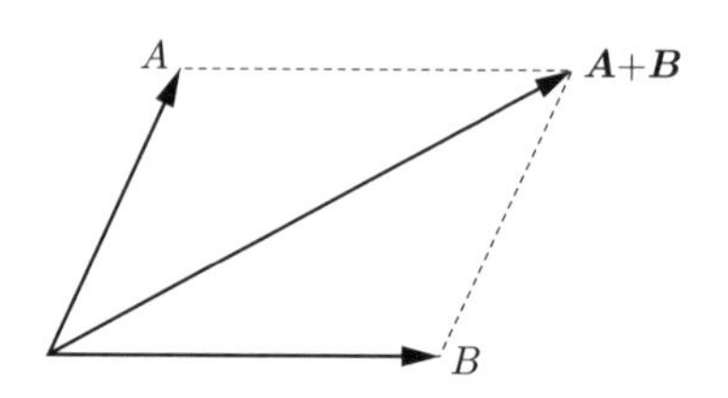

図 I.41　ベクトルの合成

(1) ベクトル $\boldsymbol{A}$ と $\boldsymbol{B}$ の合成

1. 平行四辺形を描く。
2. 対角線がベクトルの合成になる。

(2) 不定積分の公式（暗記するように）

$$\int x dx = \frac{1}{2}x^2 + C \qquad \int x^0 dx = \int dx = x + C$$

$$\int \frac{1}{x} dx = \log_e x + C \qquad \int \frac{1}{x^2} dx = -\frac{1}{x} + C$$

(3) 定積分の公式（暗記するように）

$$\int_a^b x dx = \left[\frac{1}{2}x^2\right]_a^b = \frac{1}{2}b^2 - \left(\frac{1}{2}a^2\right)$$

$$\int_a^b dx = [x]_a^b = b - a$$

$$\int_a^b \frac{1}{x} dx = [\log_e x]_a^b = \log_e b - \log_e a = \log_e \left(\frac{b}{a}\right)$$

$$\int_a^b \frac{1}{x^2} dx = \left[-\frac{1}{x}\right]_a^b = -\frac{1}{b} - \left(-\frac{1}{a}\right) = -\frac{1}{b} + \frac{1}{a} = \frac{b-a}{ab}$$

(4) 対数の計算

自然対数 : $\log_e x = \ln x$　　　常用対数 : $\log_{10} x = \log x$

$\ln a + \ln b = \ln ab$　　　$\log a + \log b = \log ab$

$\ln a - \ln b = \ln\left(\frac{a}{b}\right)$　　　$\log a - \log b = \log\left(\frac{a}{b}\right)$

(5) 微分と積分との関係

関数	微分	積分	導関数
定数 C	$\dfrac{dC}{dx}$ ↓	↑ $\int 0dx$	0
x	$\dfrac{dx}{dx}$ ↓	↑ $\int 1dx$	1
x^2	$\dfrac{d(x^2)}{dx}$ ↓	↑ $\int 2xdx$	$2x$
$\dfrac{1}{x}$	$\dfrac{d\left(\frac{1}{x}\right)}{dx}$ ↓	↑ $\int\left(-\frac{1}{x^2}\right)dx$	$-\dfrac{1}{x^2}$
$\log_e x$	$\dfrac{d(\log_e x)}{dx}$ ↓	↑ $\int \frac{1}{x}\,dx$	$\dfrac{1}{x}$

(6) 2 階微分の表し方

関数　$f(x)$

1 階微分　$f'(x) = \dfrac{df(x)}{dx} = \dfrac{d}{dx}f(x)$

2 階微分　$f''(x) = \dfrac{d^2 f(x)}{dx^2} = \dfrac{d^2}{dx^2}f(x)$　　（注）$\dfrac{d}{dx}\left(\dfrac{d}{dx}f(x)\right) = \dfrac{d^2}{dx^2}f(x)$

(7) 微分方程式

①ラプラス方程式

$$\frac{d^2V}{dx^2} = 0$$

②ポアソン方程式（ここでは ρ は定数とする）

$$\frac{d^2V}{dx^2} = -\frac{\rho}{\varepsilon_r\varepsilon_0}$$

(1)　両辺を積分すると、左辺は $\frac{dV}{dx}$ となる。このとき、積分定数 C_1 を右辺に付け加える。

$$\frac{dV}{dx} = C_1 \qquad\qquad \frac{dV}{dx} = -\frac{\rho}{\varepsilon_r\varepsilon_0}x + C_1$$

(2)　もう一度積分すると、左辺は V となる。このとき、積分定数 C_2 を右辺に付け加える。

$$V = C_1x + C_2 \qquad\qquad V = -\frac{\rho}{2\varepsilon_r\varepsilon_0}x^2 + C_1x + C_2$$

(3)　2 つの境界条件を用いて、C_1 と C_2 を求める。

境界条件の例：1. $x = 0$ のとき、$V = 0$

　　　　　　　2. $x = d$ のとき、$V = V_1$

＜接頭記号＞

接頭記号	倍率	よび方	接頭記号	倍率	よび方
h	$\times 10^{2}$	ヘクト	c	$\times 10^{-2}$	センチ
k	$\times 10^{3}$	キ　ロ	m	$\times 10^{-3}$	ミリ
M	$\times 10^{6}$	メ　ガ	μ	$\times 10^{-6}$	マイクロ
G	$\times 10^{9}$	ギ　ガ	n	$\times 10^{-9}$	ナノ
T	$\times 10^{12}$	テ　ラ	p	$\times 10^{-12}$	ピコ

【電磁気学のまとめ】

(1) 電気力

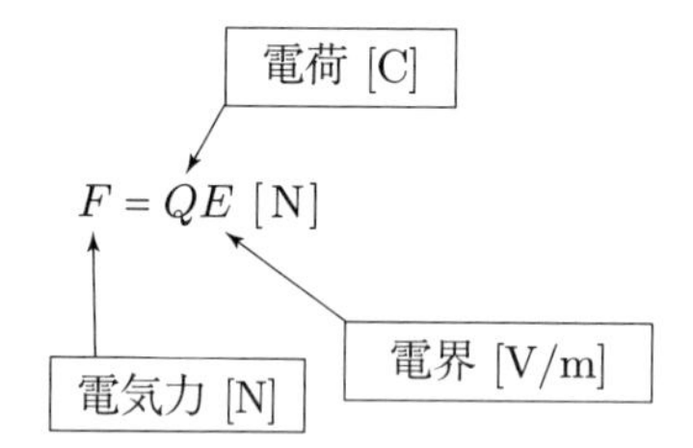

(2) 電界の大きさ

1 C の電荷が受ける電気力の大きさ F が電界の大きさ E に対応する。

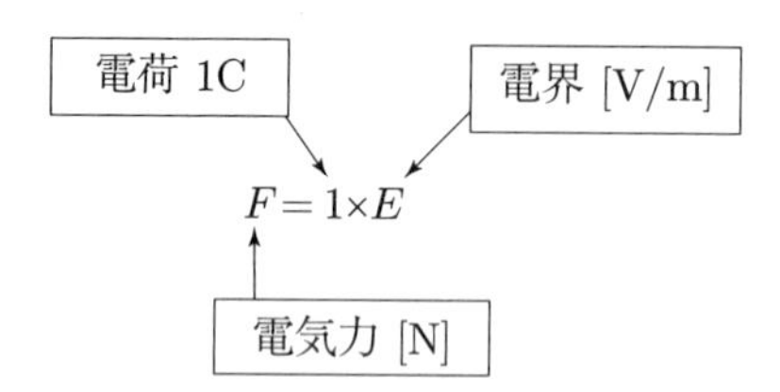

単位：V/m　(注：高校時代の単位と異なることに注意)

(3) 電界の大きさの計算に使う定理、法則、定義

点電荷の場合	電荷が分布している場合
⇓	⇓
クーロンの法則	ガウスの定理と電気力線の定義

(4) 電位

1 C の点電荷を、無限遠 $(r=\infty)$ から点 A$(r=a)$ まで運ぶのに必要な仕事が電位である。

単位：V

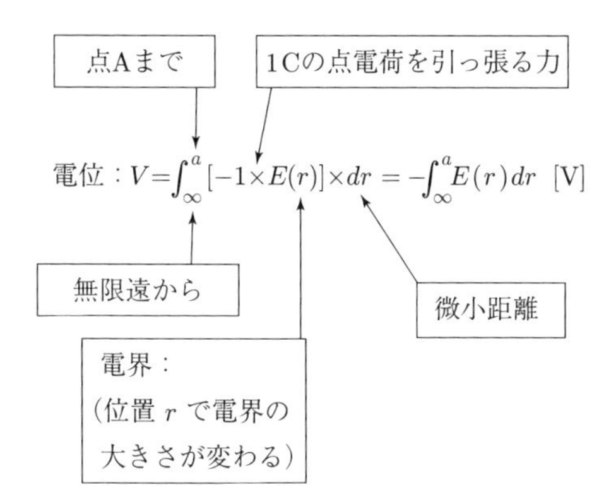

（注）**仕事の定義**：（引っ張る力）×（力の方向に移動した距離）

力について：　1 C の点電荷に働く電気力は $1\times E$ [N] である。

距離について：dr は電界の大きさが変わらない非常に短い距離を表す。

(5) クーロンの法則（点電荷の場合）

$$F=\frac{Q_1Q_2}{4\pi\varepsilon_r\varepsilon_0 r^2}\ \text{[N]}$$

Q_1 [C]　　Q_2 [C]

r [m]

(6) ガウスの定理（電荷が分布する場合）

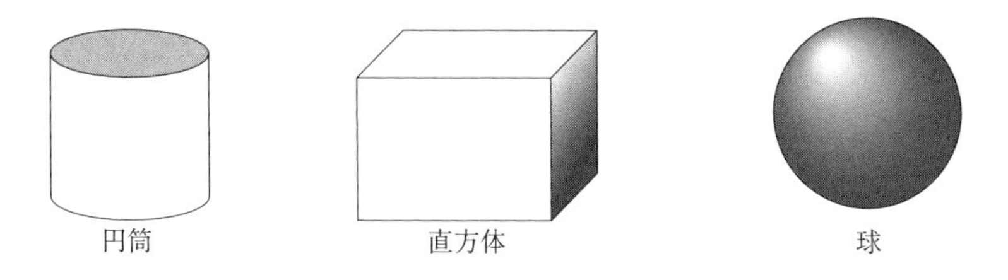
円筒　　直方体　　球

前頁のような任意の箱（閉曲面）を考える。

箱の中に、電荷が Q [C] 入っている場合、この箱から出てくる電気力線の本数は

$$\frac{Q}{\varepsilon_r \varepsilon_0} \quad [\text{本}]$$

である。

(7) 電気力線の定義

電界 E [V/m] の場所で、電気力線に対して垂直な面積が S [m^2] のとき、この面積を通過する電気力線の本数は

$$ES \quad [\text{本}]$$

である。

(8) ガウスの定理と電気力線の定義を用いて電界の大きさを計算するときの閉曲面の形状

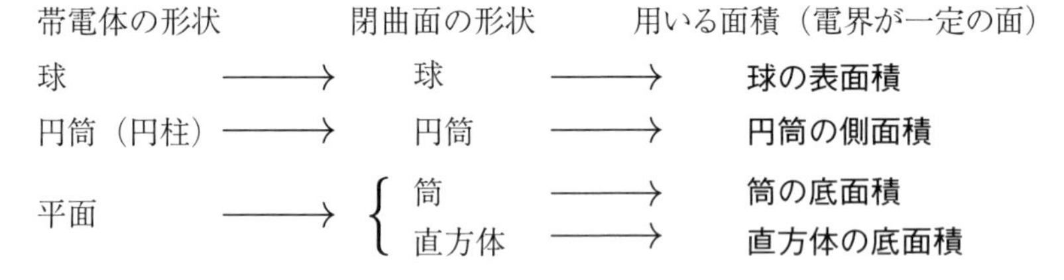

帯電体の形状		閉曲面の形状		用いる面積（電界が一定の面）
球	⟶	球	⟶	**球の表面積**
円筒（円柱）	⟶	円筒	⟶	**円筒の側面積**
平面	⟶	筒	⟶	**筒の底面積**
		直方体	⟶	**直方体の底面積**

(9) 電位と電界

電位を微分

$$E = -\frac{dV}{dx} \quad \longleftarrow \longrightarrow \quad V = -\int_{\infty}^{a} E dx$$

電界を積分

⟨$E = -\dfrac{dV}{dx}$ の意味⟩

点Aでの電位がV_{A}で、点Bでの電位がV_{B}であり、電界が場所に対して一定の場合、電界は電位の傾きの負記号で定義されるから

$$E = -\frac{V_{\mathrm{B}} - V_{\mathrm{A}}}{x_{\mathrm{B}} - x_{\mathrm{A}}} = -\frac{\Delta V}{\Delta x}$$

となる。

一般的には、電界は場所に対して一定でないから、距離Δxの代わりに微小距離dxを考え、このときの電位の微小変化をdVとおくと

$$E = -\frac{dV}{dx}$$

となる（物理ではよくこのような微小距離、微小変化を用いるので、慣れること）。

このことより

$$\frac{dV}{dx}$$

は、変数xで変化する関数Vの接線の傾きを意味する。

（注）微分に関するいろいろな表し方

$$\frac{dV}{dx} = \frac{dV(x)}{dx} = \frac{d}{dx}V(x) = V'(x)$$

(10) 磁力線と磁界の大きさ

1 A/mの磁界の大きさの場所では、1本の磁力線が磁界の方向に垂直な1 m^{2}の面積を貫いている。

(11) 磁界 H [A/m] と磁束密度 B [T]

$$B = \mu H$$

ステップ II

― 本編 ―

<ステップ II（本編）の目的>

1. 電磁気学の諸法則を、ベクトルや微分・積分を用いて記述できること
2. やや発展的な問題を、ベクトルや微分・積分を用いて解くことができること

上記の目的のため、数学と電磁気学の関係をできるだけ平易に解説しながらも、標準的な問題が解けるように例題と章末の問題を詳しい解答とともにつけた。

第1章　電荷と力

1.1　電　荷

金属製の缶にラップを貼りつけた後、ラップをゆっくり離す。するとその後しばらく、この缶は紙片などをよく引きつけるようになる。このとき、この缶は目には見えないが、何かを帯びたと考えられる。この何かを**電荷**とよび、電荷を帯びることを**帯電**するという（**図 1.1**)。

電荷の性質は

- 正 (+) と負 (−) の2種類がある。
- 電荷は発生したり、消滅することはない。
- 正と負の電荷が同じ所にあると、互いに打ち消し、消滅したように見える。

がある。

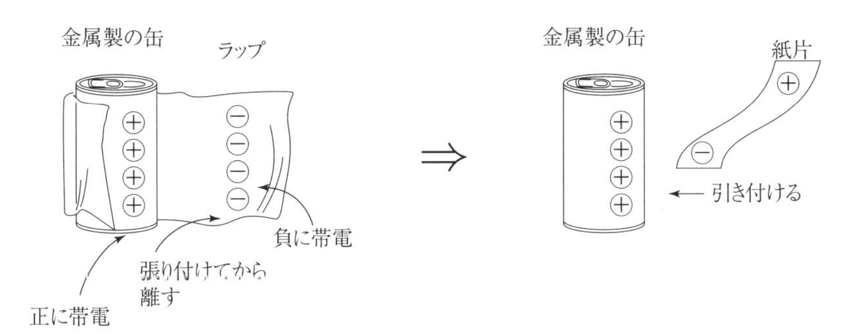

図 1.1　電荷の帯電

1.2　電荷に働く力

A. クーロン (1736–1806) は、実験によって、クーロンの法則を発見した。

■ **クーロンの法則：** 点と見なせる小さな電荷（点電荷）Q_1 [C] と Q_2 [C] が r [m] 離れて存在するとき、それぞれの電荷には力

$$F = \frac{1}{4\pi\varepsilon_0} \cdot \frac{Q_1 Q_2}{r^{2.0}} \quad [\mathrm{N}] \tag{1.1}$$

が発生する。定数 $\varepsilon_0 = 8.85 \times 10^{-12}\,\mathrm{F/m}$ は真空の誘電率である。$r^{2.0}$ の指数 2.0 は実験によって決められた値である。この力を**クーロン力（静電力）**という。力の向きは2つの電荷が反発する方向である。式(1.1)をベクトル表示すると、Q_1 に生じる力 $\boldsymbol{F}$ は

$$\boldsymbol{F} = \frac{1}{4\pi\varepsilon_0} \cdot \frac{Q_1 Q_2}{r^{2.0}} \cdot \boldsymbol{r} \quad [\mathrm{N}] \tag{1.2}$$

である。ここで、$\boldsymbol{r}$ は Q_2 から Q_1 の方向を向く単位ベクトルである。

【例題 1.1】 $1.0 \times 10^{-7}\,\mathrm{C}$ の正電荷をもった粒子Aのそばに、別の粒子Bを近づけたところ、2粒子の距離が 1 cm のとき 1.8 N の引力が働いた。粒子Bの電荷の大きさを計算せよ。

（考え方） 引力の場合は力 F の符号はマイナス、反発力の場合はプラスである。
【解答】 粒子Aの電荷を Q_{A}[C]、粒子Bの電荷を Q_{B}[C] とし、2粒子間の距離を r[m] とする。粒子に力 $\boldsymbol{F}$ が働くとき、クーロンの法則より粒子Bの電荷 Q_{B} は

$$Q_{\mathrm{B}} = 4\pi\varepsilon_0 \frac{r^2 F}{Q_A} = \frac{1}{9.0 \times 10^9} \frac{(1.0 \times 10^{-2})^2(-1.8)}{1.0 \times 10^{-7}} = -2.0 \times 10^{-7}\,\mathrm{C}$$

ただし、1.8 N の引力が働くので、$F = -1.8\,\mathrm{N}$ とした。

■ **重ね合わせの理：** 電荷に複数のクーロン力 $\boldsymbol{F}_i$ $(i = 1, 2, 3, \cdots, N)$ が働くとき、これらの力と同じ効果をもつ1つの力を $\boldsymbol{F}$ とするとき、この力はベクトル和 $\boldsymbol{F} = \sum_{i=1}^{N} \boldsymbol{F}_i$ で与えてよい。このように原因を重ね合わせると、結果を重ね合わせたものになることを**重ね合わせの理**という。

> **【例題 1.2】** 斜辺の長さが 2 m の直角二等辺三角形がある。斜辺の両端に、同じ大きさで符号の異なる電荷 2×10^{-6} C に帯電した粒子が置かれている。直角の頂点に 4×10^{-6} C の電荷を置いたとき、この電荷に働く力の大きさと方向を計算せよ。

(考え方) ①　どの電荷に生じる力を求めるかを決める。
②　その電荷が直接受ける外力をベクトルですべて書き入れる。
③　これら外力のベクトル和をとったものが、その電荷に生じる力である。

【解答】

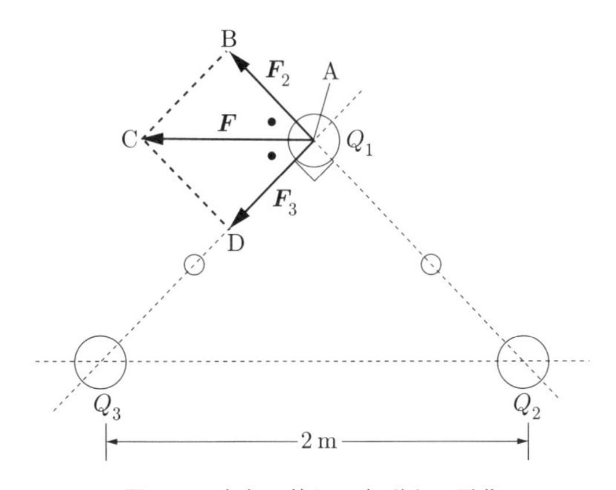

図 1.2　直角二等辺三角形上の電荷

$Q_1 = 4 \times 10^{-6}$ C、$Q_2 = 2 \times 10^{-6}$ C および $Q_3 = -2 \times 10^{-6}$ C とする。

(1) Q_2 が Q_1 に作る力 $\boldsymbol{F}_2$ の計算をする。Q_1 と Q_2 のみが空間に存在すると考えて、クーロンの法則より

$$\boldsymbol{F}_2 = \frac{1}{4\pi\varepsilon_0} \cdot \frac{Q_1 Q_2}{(\sqrt{2})^2} \cdot \boldsymbol{r}_{21}$$

ただし、$\boldsymbol{r}_{21}$ は Q_2 から Q_1 方向を向く単位ベクトルである。

(2) Q_3 が Q_1 に作る力 $\boldsymbol{F}_3$ の計算をする。(1) と同様にして、クーロンの法則より

$$\boldsymbol{F}_3 = \frac{1}{4\pi\varepsilon_0} \cdot \frac{Q_1 Q_3}{(\sqrt{2})^2} \cdot \boldsymbol{r}_{31}$$

ただし、$\boldsymbol{r}_{31}$ は Q_3 から Q_1 方向を向く単位ベクトルである。Q_3 の符号がマイナスのため、$\boldsymbol{F}_3$ の向きは Q_1 から Q_3 方向である。

図 1.2 のように、Q_1, Q_2 および Q_3 がすべて空間に存在するときの Q_1 に生じる力 $\boldsymbol{F}$ は、$\boldsymbol{F}_1$ と $\boldsymbol{F}_2$ との合力より

$$\boldsymbol{F} = \boldsymbol{F}_2 + \boldsymbol{F}_3$$

で与えられる。$|\boldsymbol{F}_2| = |\boldsymbol{F}_3|$ であることと、$\boldsymbol{F}_2$ と $\boldsymbol{F}_3$ のなす角度は $90°$ であることに注意して作図すると、図 1.2 のようになる。$\overline{\mathrm{AC}}$ は正方形 ABCD の斜辺になっているので、$\angle\mathrm{BAC} = \angle\mathrm{DAC} = 45°$ となる。直角三角形 ABC の辺の比を考えると、$\sqrt{2} : 1 = \overline{\mathrm{AC}} : \overline{\mathrm{AB}}$ となる。力 $\boldsymbol{F}$ は

$$\begin{aligned}\boldsymbol{F} &= \frac{\overline{\mathrm{AC}}}{\overline{\mathrm{AB}}} \cdot |\boldsymbol{F}_2| \cdot \boldsymbol{r}_{23} = \sqrt{2} \cdot \frac{1}{4\pi\varepsilon_0} \cdot \frac{4 \times 10^{-6} \cdot 2 \times 10^{-6}}{\left(\sqrt{2}\right)^2} \cdot \boldsymbol{r}_{23} \\ &= 5.08 \times 10^{-2} \cdot \boldsymbol{r}_{23}\ \mathrm{N}\end{aligned}$$

となる。ただし、$\boldsymbol{r}_{23}$ は Q_2 から Q_3 方向を向く単位ベクトルである。

第2章　電界と電位

2.1　電界と電荷に働く力

流れている水の上に小船を浮かすと、船は水から力を受けて動く。このように、一般に物が力を受けるとき、何かがその物に直接触れることにより、物が力を受けて動く。しかし第1章で学んだクーロン力は、お互いの電荷が何も触れていないにも関わらず、力を受ける。これは、私たちの日常経験からして、一見、奇異なものに映る（図**2.1**）。

図2.1　電界のイメージ

ここでは、クーロン力を以下のように考えてみよう。まず、1つ目の電荷 Q_1 を空間中に置いた時点で、何かがこの電荷から発生し、周囲の空間に広がったと考えよう。つぎに、2つ目の電荷 Q_2 を置くと、Q_1 によって発生した何かに直接触れることによって、Q_2 に力が発生すると考えてはどうだろう。この何かを電界と名づけることにし、実験則であるクーロンの法則と何ら矛盾することがないようにすることで、電界を具体的に定義していこう。

最初、点電荷 $+Q$ [C] がある。つぎに、ここから距離 r [m] 離れたところに電荷 q [C]（これを試験電荷、またはテスト電荷という）を置く。クーロンの法則により、試験電荷 q には力 $\boldsymbol{F}$

$$\boldsymbol{F} = \frac{1}{4\pi\varepsilon_0} \cdot \frac{Q \cdot q}{r^2} \cdot \boldsymbol{r} \tag{2.1}$$

が生じる。$\boldsymbol{r}$ は、Q から q 方向を向く単位ベクトルである。いま、試験電荷の位置における電界 $\boldsymbol{E}$ を、単位電荷当たりに生じる力で与えると考えて

$$\boldsymbol{E} = \frac{\boldsymbol{F}}{q} = \frac{1}{4\pi\varepsilon_0} \cdot \frac{Q}{r^2} \cdot \boldsymbol{r} \quad [\mathrm{V/m}] \tag{2.2}$$

と定義しよう。電界 $\boldsymbol{E}$ の方向は、電荷 Q から遠ざかる方向を向いている。

ある点に電界 $\boldsymbol{E}$ が生じているとき、この点に電荷 $q\,[\mathrm{C}]$ を置くと、この電荷は電界に直接触れることで力を受け、その力 $\boldsymbol{F}$ は

$$\boldsymbol{F} = q\boldsymbol{E} \tag{2.3}$$

と計算されるものとすれば、電界の定義式 (2.2) と式 (2.3) はクーロンの法則 (2.1) に矛盾しないことがわかる。

> **【例題 2.1】**　電界 $\boldsymbol{E}$ が生じている場所に電荷 $-2\,\mathrm{C}$ を置いた。すると、この電荷には $3\,\mathrm{N}$ の力を受けた。電界の大きさおよび向きを計算せよ。

【解答】　式 (2.3) より、$\boldsymbol{E} = \frac{\boldsymbol{F}}{-2\,\mathrm{C}}$ となる。この式を見ると $\boldsymbol{E}$ と $\boldsymbol{F}$ の符号は異なるとわかるので、$\boldsymbol{E}$ の向きは受けた力の向きとは逆方向である。電界の大きさは $|\boldsymbol{E}| = \left|\frac{\boldsymbol{F}}{-2\,\mathrm{C}}\right| = \frac{|\boldsymbol{F}|}{|-2\,\mathrm{C}|} = \frac{3\,\mathrm{N}}{2\,\mathrm{C}} = 1.5\,\mathrm{V/m}$ と求まる。

> **【例題 2.2】**　ある点電荷 $Q_\mathrm{A}\,[\mathrm{C}]$ から $1\,\mathrm{cm}$ 離れたところに点電荷 $Q_\mathrm{B} = 5.0 \times 10^{-6}\,\mathrm{C}$ を置いたところ、2つの点電荷の間に $30\,\mathrm{N}$ の引力が働いた。Q_B の場所における、Q_A による電界の向きと大きさを計算せよ。

【解答】 Q_A が Q_B につくる電界は、式 (2.2) より

$$\boldsymbol{E} = \frac{1}{4\pi\varepsilon_0} \cdot \frac{Q_\mathrm{A}}{(1 \times 10^{-2}\,\mathrm{m})^2} \cdot \boldsymbol{r} \tag{1}$$

である。ただし、$\boldsymbol{r}$ は Q_A から Q_B 方向を向く単位ベクトルである。Q_B が電界から受ける力は、式 (2.3) より

$$\boldsymbol{F} = Q_\mathrm{B}\boldsymbol{E} \tag{2}$$

と書ける。一方、設問より

$$\boldsymbol{F} = -30 \cdot \boldsymbol{r} \quad [\mathrm{N}] \tag{3}$$

である。式(3)で、発生しているのは引力のため、$\boldsymbol{F}$ は Q_{B} から Q_{A} 方向を向いていることに注意すること。式(2)= 式(3)より

$$\boldsymbol{E} = \frac{\boldsymbol{F}}{Q_{\mathrm{B}}} = \frac{-30\boldsymbol{r}}{5.0 \times 10^{-6}} = -6.0 \times 10^{6} \cdot \boldsymbol{r} \quad [\mathrm{V/m}] \tag{4}$$

電界の大きさは 6.0×10^6 V/m であり、向きは Q_{B} から Q_{A} 方向である。式(1)と式(4)は等しいので

$$Q_{\mathrm{A}} = \frac{-6 \times 10^6 \times (1 \times 10^{-2})^2}{9 \times 10^9} = -6.7 \times 10^{-8}\,\mathrm{C}$$

2.2　複数の点電荷による電界

【例題 2.3】　点電荷 Q [C] および $-Q$ [C] が間隔 $2a$ [m] で置かれている。これらの電荷を結ぶ垂直2等分線上で、距離 y [m] の点における電界を計算せよ。

(考え方)　複数のクーロン力があるときと同様に、重ね合わせの理を用いる。

【解答】

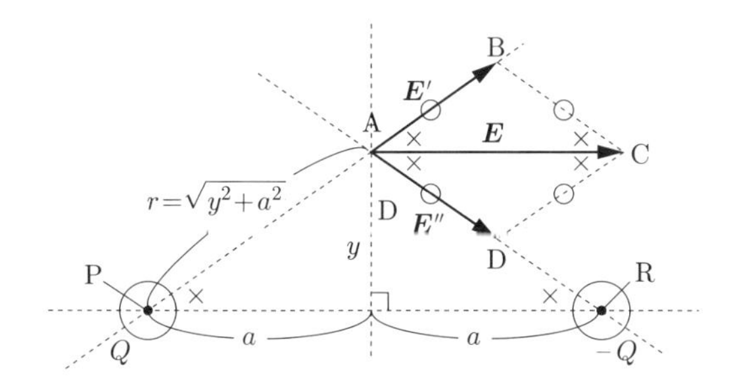

図 2.2　垂直2等分線上の電界

(1) 電荷 Q のみがあるときの点 A における電界 E' は

$$\boldsymbol{E}' = \frac{1}{4\pi\varepsilon_0} \cdot \frac{Q}{r^2}\boldsymbol{r}_{\mathrm{PA}}$$

で与えられる。ただし、$\boldsymbol{r}_{\mathrm{PA}}$ は点 P から点 A 方向を向く単位ベクトルである。

(2) 電荷 $-Q$ のみがあるとき、点 A における電界 E'' は

$$\boldsymbol{E}'' = \frac{1}{4\pi\varepsilon_0} \cdot \frac{-Q}{r^2}\boldsymbol{r}_{\mathrm{RA}}$$

である。ただし、$\boldsymbol{r}_{\mathrm{RA}}$ は点 R から点 A 方向を向く単位ベクトルである。

電荷 Q と $-Q$ が同時に存在するときの点 A における電界は、$\boldsymbol{F}_1$ と $\boldsymbol{F}_2$ との合力より

$$\boldsymbol{E} = \boldsymbol{E}' + \boldsymbol{E}''$$

である。このベクトルの和は**図 2.2** のようになる。△ABC と △PAR は相似であることに注意すると、電界 $\boldsymbol{E}$ は

$$\begin{aligned}\boldsymbol{E} &= \frac{\overline{\mathrm{AC}}}{\overline{\mathrm{AB}}} \cdot |\boldsymbol{E}'| \cdot \boldsymbol{r}_{\mathrm{PR}} = \frac{\overline{\mathrm{PR}}}{\overline{\mathrm{PA}}} \cdot |\boldsymbol{E}'| \cdot \boldsymbol{r}_{\mathrm{PR}} \\ &= \frac{2a}{\sqrt{y^2 + a^2}} \cdot \frac{1}{4\pi\varepsilon_0} \cdot \frac{Q}{a^2 + y^2} \cdot \boldsymbol{r}_{\mathrm{PR}} = \frac{1}{4\pi\varepsilon_0} \cdot \frac{2aQ}{(a^2 + y^2)^{\frac{3}{2}}} \cdot \boldsymbol{r}_{\mathrm{PR}}\end{aligned}$$

となる。ただし、$\boldsymbol{r}_{\mathrm{PR}}$ は点 P から R 方向を向く単位ベクトルである。

2.3　電気力線

電気力線は、電界の空間変化を視覚的に理解可能にする線である。これは次節で扱うガウスの定理を図で表示したものともいえる。電気力線から空間内の電界の向きと大きさを読みだすことができるようにするため、電気力線に関して以下の約束を決める。電気力線と電荷との間には密接な関係があり、電気力線の発生と消滅の際には、必ず電荷の存在が必要になる。逆に、電力線の性質から電荷の空間分布に対する知見が得られる。

■ 電気力線の性質：

(1)　電気力線は向きをもち、矢印で表す。電気力線の接線方向が電界の向きを表す（**図 2.3**）。

(2)　電気力線は正の電荷に始まり、負の電荷に終わる。

(3)　電気力線は交わらない。

(4)　電気力線の間隔は電界の大きさを表す（**図 2.4**）。

(5)　真空中の電荷 1 C 当たり、電気力線は $\frac{1}{\varepsilon_0}$ 本発生する（**図 2.5**）。

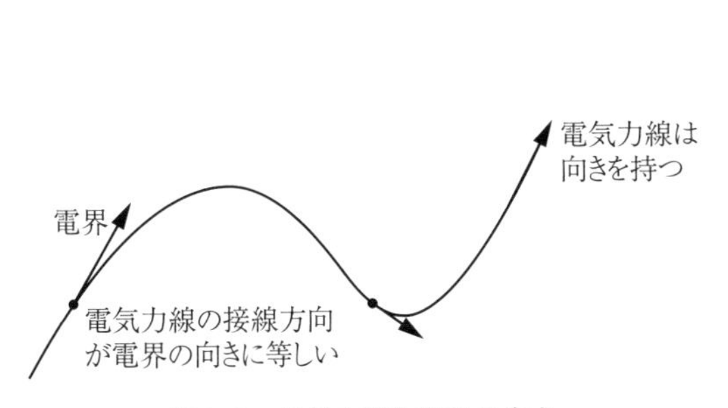

図 **2.3**　電気力線と電界の向き

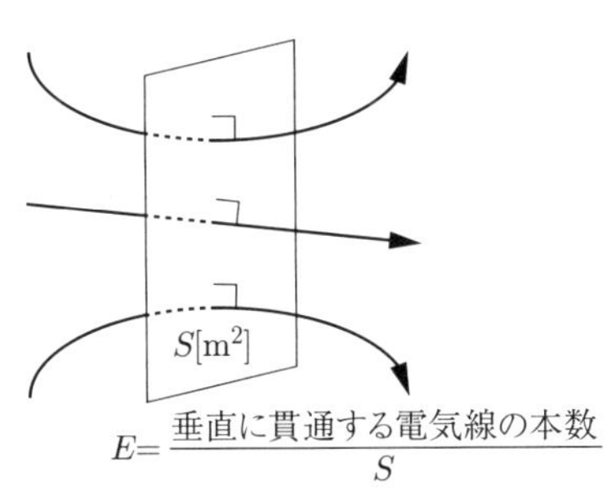

図 **2.4**　電気力線と電界の大きさ

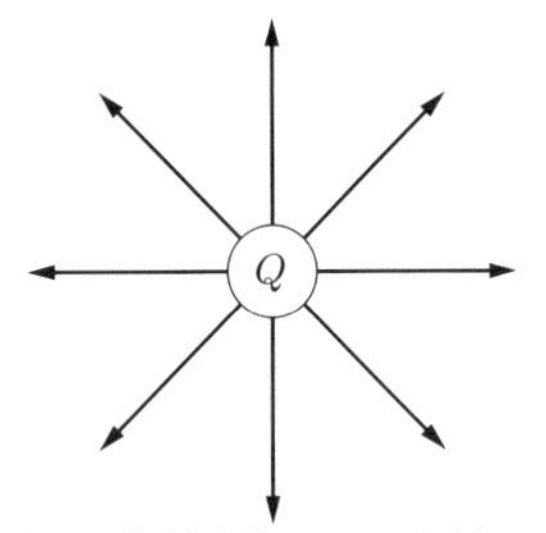

図 **2.5**　電荷から出る電気力線の本数

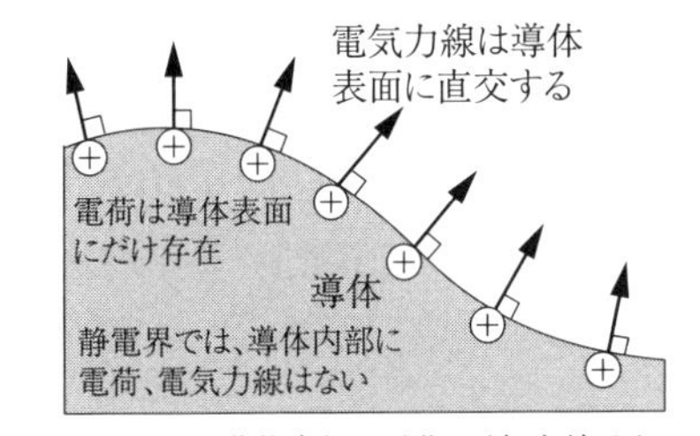

図 **2.6**　導体表面での電気力線

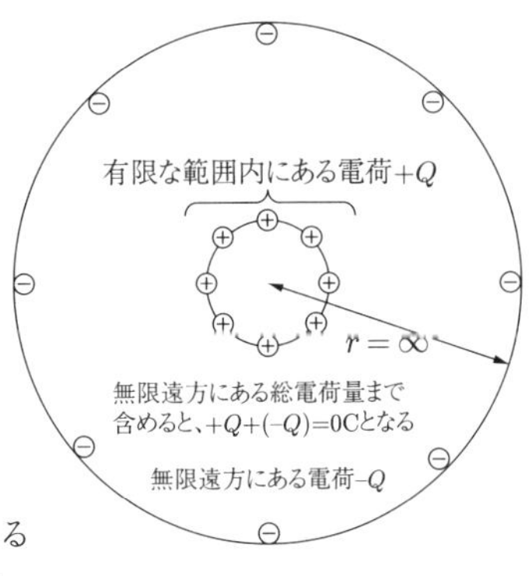

図 **2.7**　全空間にある
電荷の総量

(6)　導体の表面と電気力線は直交する。電界が時間に対し変動しない静電界においては導体の内部に電荷は存在せず、したがって電気力線も存在しない（図 **2.6**）（その理由は、導体内部に電気力線があると導体内の電荷が電界によって力を受けて、電荷が動いてしまうため)。電気力線は導体表面に直交する。

(7) 無限遠方に存在する電荷まで考えると、全空間に存在する電荷量の和はゼロとなる（図 **2.7**）。

【例題 2.4】 図 **2.8** のように中空の導体球がある。この球に電荷 $+Q$ [C] を与えた。電荷分布と電気力線を書け。

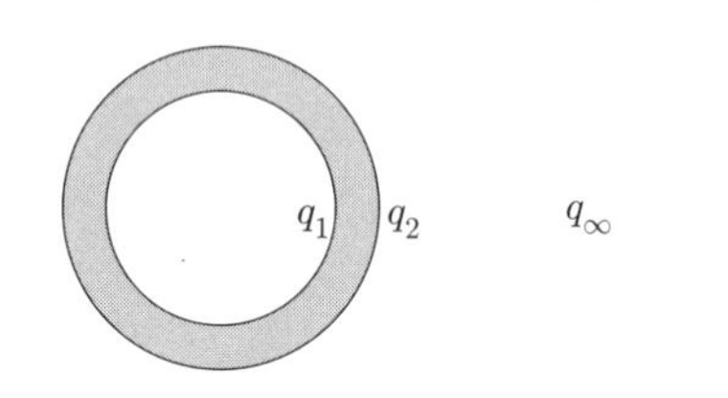

図 2.8　中空導体球への電荷の付与

【解答】 前頁の (6) より電荷が存在できる場所は導体表面だけである。これらの電荷量を場所ごとに表して、導体球の内面上にある電荷、および外面にある電荷を、それぞれ q_1 [C] および q_2 [C] とする。有限な範囲内にある電荷は $+Q$ [C] しかないので、上記の (7) を満たすため無限遠方にある電荷 q_∞ [C] を仮定し、

$$q_1 + q_2 + q_\infty = 0\ \mathrm{C}$$

が成立する。q_2 [C] から発生する電気力線は無限遠方に向かい、 q_∞ [C] で消滅する。この場合、導体の外側表面と無限遠方間には、符号は異なるが、同じ電荷量の電荷が存在することになる（すなわち、相対する導体間では、符号が逆で同じ電荷量の電荷が存在する）ので、

$$q_2 = -q_\infty$$

導体内側表面に相対する導体は存在しないので、q_1 [C] から発生した電気力線は消滅することができず、電気力線のルールに反する。すなわち、これは導体内側表面には電荷が存在しないことを示しており

$$q_1 = 0\ \mathrm{C}$$

導体球上の総電荷量 $q_1 + q_2$ はこの球に与えた電荷に等しいので

$$q_1 + q_2 = Q$$

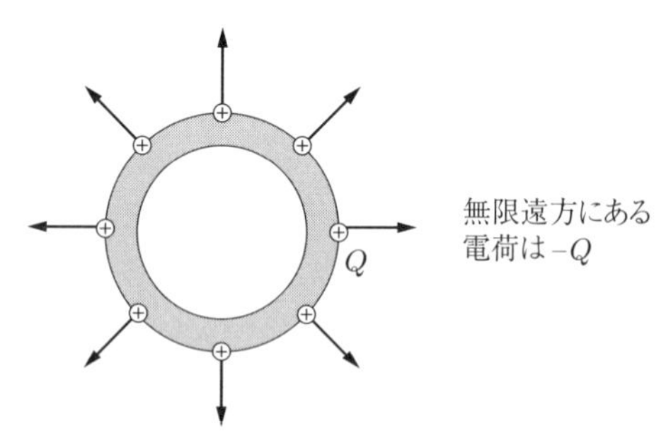

図 2.9　中空導体球へ電荷を与えたときの電気力線

以上の式を解くことで、$q_1 = 0$ C、$q_2 = Q$ および $q_\infty = -Q$ となる。外側導体表面上の電荷の記号1つから1本の電気力線を発生させ、これらが無限遠方にある電荷まで伸びていく図を描くと、**図 2.9** のようになる。

【例題 2.5】　図のような同心導体球がある。(a)〜(c) の場合のときの電気力線を描き、各導体表面における電荷量を示せ。

(a)　内側の導体球のみに電荷 Q_1 [C] を与えたとき

(b)　外側の導体球のみに電荷 Q_2 [C] を与えたとき

(c)　内側と外側の両方の導体球に、それぞれ電荷 Q_1、Q_2 [C] を与えたとき

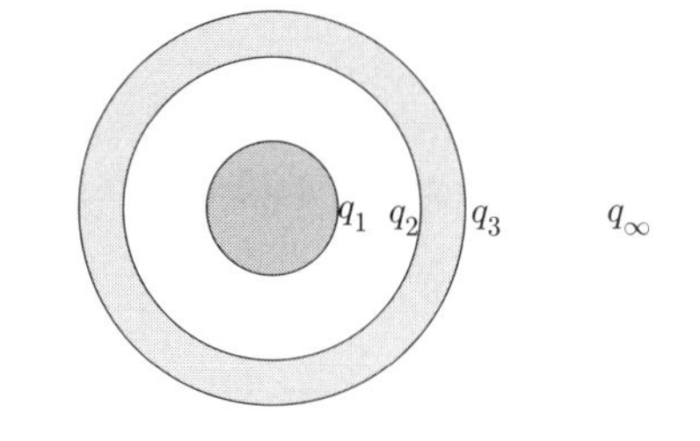

図 2.10　同心導体球への電荷の供給

【解答】　内側導体球の表面を表面 (A)、外側導体球の内側表面を表面 (B)、外側表面を表面 (C) とよぶことにする。電荷や電気力線の分布を覚えるようとするのでなく、電気力線を描いていくプロセスを知ることが重要である。

■ 電荷分布の決め方：　電荷が動いていない場合（静電気）を考えているので、電荷は導体内部に存在しない。(A)、(B)、(C) および無限遠方における電荷量をそれぞれ q_1, q_2, q_3, および q_∞ とする。まず、相対する導体表面間の電荷量の関係を考えると、相対する導体表面では同じ電荷量の大きさで電荷の符号は逆になるので

$$q_1 = -q_2 \ \text{((A) と (B) との間)} \quad ①$$

$$q_3 = -q_\infty \ \text{((B) と 無限遠方との間)} \quad ②$$

が成立する。

(a) 内側導体球のみに電荷 Q_1 [C]($0 < Q_1$) を置いたとき、それぞれの導体表面での電荷量を考えると

$$q_1 = Q_1 \ (\because \text{内側の導体の全電荷量は } Q_1) \quad ③$$

$$q_2 + q_3 = 0 \ (\because \text{外側の導体の全電荷量は } 0) \quad ④$$

式①〜④を解くと $q_1 = Q_1$, $q_2 = -Q_1$, $q_3 = Q_1$, $q_\infty = -Q_1$

(b) 外側導体球のみに電荷 Q_2 [C]$(0 < Q_2)$ を置いたとき、それぞれの導体表面での電荷量を考えると

$$q_1 = 0\ (\because \text{内側の導体の全電荷量は}\ 0) \quad ⑤$$

$$q_2 + q_3 = Q_2\ (\because \text{外側の導体の全電荷量は}\ Q_2) \quad ⑥$$

式①、②、⑤、⑥ を解くと

$$q_1 = 0\,\mathrm{C},\ q_2 = 0\,\mathrm{C},\ q_3 = Q_2,\ q_\infty = -Q_2$$

(c) 内側と外側の両方の導体球に、それぞれ電荷 Q_1、Q_2 [C] を与えたとき、それぞれの導体表面での電荷量を考えると

$$q_1 = Q_1\ (\because \text{内側の導体の全電荷量は}\ Q_1) \quad ⑦$$

$$q_2 + q_3 = Q_2\ (\because \text{外側の導体の全電荷量は}\ Q_2) \quad ⑧$$

式①, ②, ⑦, ⑧ を解くと

$$q_1 = Q_1,\ q_2 = -Q_1,\ q_3 = Q_1 + Q_2,\ q_\infty = -Q_1 - Q_2$$

以上 (a)〜(c) の場合で、電荷量をまとめると**表 2.1** のようになる。

なお、式①, ②, ⑦, ⑧を解いて電荷量を求めてもよいが、表 2.1 で問題 (a) と問題 (b) の電荷量を用いて、それぞれの表面で

$$\text{問題 (a) の電荷量} + \text{問題 (b) の電荷量} = \text{問題 (c) の電荷量}$$

となるように問題 (c) の電荷量を決定してもよい。

表 2.1　各表面での電荷量の重ね合わせ

	表面 (A)	表面 (B)	表面 (C)	無限遠方
問題 (a)	$+Q_1$	$-Q_1$	$+Q_1$	$-Q_1$
問題 (b)	0	0	$+Q_2$	$-Q_2$
問題 (c)	$+Q_1 + 0$	$-Q_1 + 0$	$+Q_1 \quad + Q_2$	$-Q_1 \ - Q_2$

■ **電気力線の描き方：**

(a) 内側導体球のみに電荷 Q_1 [C]$(0 < Q_1)$ を置いたとき

(1)　内側導体球に Q_1 を与えると、表面 (A) に電荷 Q_1 が集まる。

(2) 表面 (A) から無限遠方にある $-Q_1$ へ向けて、電気力線が放射状に伸びていくが、この電気力線は表面 (B) にぶつかるので、表面 (B) で電気力線は消滅する（導体内部に電気力線は存在しえないため）。ただし、マイナスの電荷なしに電気力線は消滅できないので、表面 (B) に電荷 $-Q_1$ が発生する。

(3) 外側の導体球全体はもともと電荷量ゼロだったので、表面 (B) の電荷 $-Q_1$ を打ち消すため、表面 (C) に $+Q_1$ が発生する。これにより、表面 (B) 上の電荷量 + 表面 (C) 上の電荷量 = 0 C となることを確認せよ。

(4) 表面 (C) に発生した $+Q_1$ から無限遠方にある $-Q_1$ へ向けて、電気力線が放射状に伸びていく。電気力線は**図 2.11**(a) のようになる。

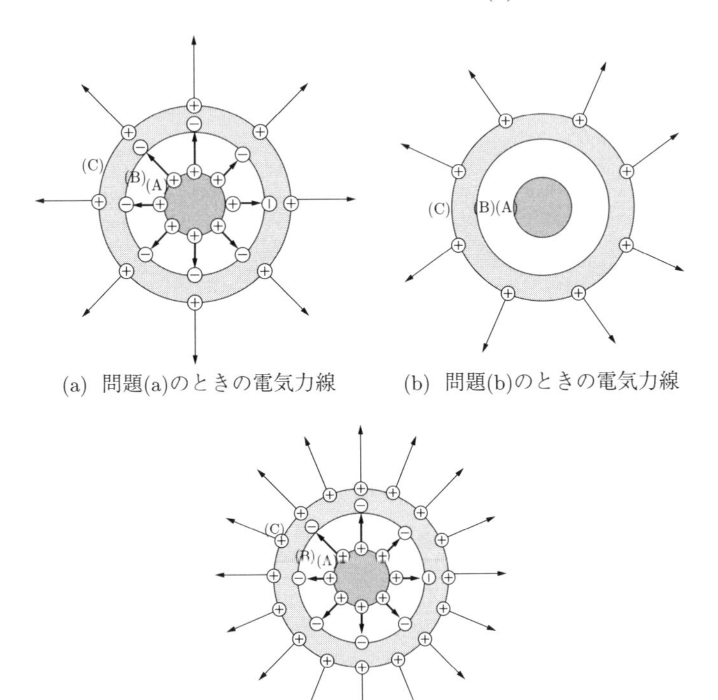

(a) 問題(a)のときの電気力線　　(b) 問題(b)のときの電気力線

(c) 問題(c)のときの電気力線

図 2.11　同心導体球の電気力線

(b) 外側導体球のみに電荷 Q_2 [C]$(0 < Q_2)$ を置いたとき

(1) 無限遠方に電荷 $-Q_2$ [C] があるので、外側導体球から無限遠方に向かって電気力線が伸びる必要がある。このため、電荷 Q_2 はすべて表面 (C) 上に集まる。

(2) 表面 (C) 上の電荷 Q_2 から無限遠方へ放射状に電気力線が伸びる。

(3) 表面 (A)、表面 (B) に一切電荷は存在せず、内側の空洞内にも電気力線は存在しないことに注意。電気力線は図 2.11(b) のようになる。

(c) 内側と外側の両方の導体球に、それぞれ電荷 Q_1、Q_2 [C] を与えたとき

図 2.11 の (a) の場合と (b) の場合が同時に起こる場合に相当する。この場合には、(a) のときの各場所での電荷量や電気力線と、図 2.11 の (b) のときの各場所での電荷量や電気力線を重ね合わせたものが求める答えになる。この問題のように、複数の場所へ電荷を置く問題を解く場合、個別に電荷をおいた場合の問題をあらかじめ解いておき、これらを最後に重ね合わせるのがよい。したがって、図 2.11(a) と図 2.11(b) を単純に重ね合わせて、図 2.11(c) のようになる。電荷記号の数と電気力線の数に十分注意すること。

2.4　電気力線とガウスの定理

2.3 節の電気力線の性質 (5) で、電荷 Q [C] から出る電気力線の本数は Q/ε_0 と決めた。これを**ガウスの定理**という。ここでは、電気力線の性質が成り立つと仮定して、ガウスの定理を導出してみよう。

点電荷 Q [C] の周囲に Q を中心として半径 r [m] の球面 S を考える。S を内から外へ S に直交して貫通する電気力線の総数は、電気力線の密度である電界 E と S の表面積の積で与えられるので、$4\pi r^2 E$ となる。一方、式 (2.2) で $E = |\boldsymbol{E}|$ として変形すると

$$4\pi r^2 E = \frac{Q}{\varepsilon_0} \tag{2.4}$$

となる。この式は、S を内から外へ貫通する電気力線の本数が Q/ε_0 に等しいとい

うことを表す。これは Q から出る電気力線の本数を Q/ε_0 と決めても、上式に矛盾しないことを示す。以上では閉曲面として球面を考えたが、以下では任意の形状で証明してみよう。

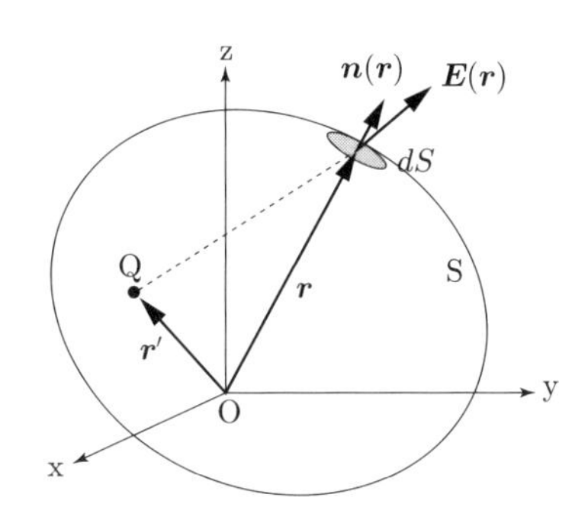

図 2.12　任意の閉曲面 S におけるガウスの定理

図 2.12 のように、位置ベクトル $\boldsymbol{r}'$ で表される位置にある電荷 Q によって位置ベクトル $\boldsymbol{r}$ での電界は

$$\boldsymbol{E}(\boldsymbol{r}) = \frac{Q}{4\pi\varepsilon_0}\frac{\boldsymbol{r}-\boldsymbol{r}'}{|\boldsymbol{r}-\boldsymbol{r}'|^3} \tag{2.5}$$

と表せる。S 上の位置 $\boldsymbol{r}$ に面積が dS である面素（微小な面積）と、この面素の単位法線ベクトル $\boldsymbol{n}(\boldsymbol{r})$ を考える。$\boldsymbol{n}(\boldsymbol{r})$ の向きは内側から外側方向を向く。内積 $\boldsymbol{E}(\boldsymbol{r})\cdot\boldsymbol{n}(\boldsymbol{r})dS$ は、位置 $\boldsymbol{r}$ で面素を内側から外側方向へ貫く電気力線の本数を与えることがわかる。この内積を S 全体にわたって積分すると

$$\oint_S \boldsymbol{E}(\boldsymbol{r})\cdot\boldsymbol{n}(\boldsymbol{r})dS = \frac{Q}{4\pi\varepsilon_0}\oint_S \frac{\boldsymbol{r}-\boldsymbol{r}'}{|\boldsymbol{r}-\boldsymbol{r}'|^3}\cdot\boldsymbol{n}(\boldsymbol{r})dS = \frac{Q}{\varepsilon_0} \tag{2.6}$$

となる。ここで、立体角の S 上での面積分は 4π となること、すなわち

$$\oint_S \frac{\boldsymbol{r}-\boldsymbol{r}'}{|\boldsymbol{r}-\boldsymbol{r}'|^3}\cdot\boldsymbol{n}(\boldsymbol{r})dS = 4\pi \tag{2.7}$$

であることを用いた。式 (2.6) は、閉曲面 S が複雑な形状をもっても、内から外方向を S に直交して貫く電気力線の本数が Q/ε_0 に等しいことを示している。また、S の外にある電荷は、式 (2.6) の左辺の積分の値にまったく影響を与えないことを証明できる。

■ ガウスの定理：

閉曲面Sの内部に N 個の点電荷 $Q_i\ (i = 1, 2, \cdots, N)$ があるとき

$$\oint_S \boldsymbol{E}(\boldsymbol{r}) \cdot \boldsymbol{n}(\boldsymbol{r}) dS = \frac{1}{\varepsilon_0} \sum_{i=1}^{N} Q_i \tag{2.8}$$

が成立する。すなわち、閉曲面Sの内側から外側へ出る電気力線の本数は、S内部にある電荷の総和と $\frac{1}{\varepsilon_0}$ の積に等しい。

【例題 2.6】 図 **2.13** に示すように、任意の閉曲面Sの内部に、それぞれ Q_1 [C]、$-Q_2$[C]、および Q_3[C] に帯電した3個の物体があるとき、この閉曲面から外へ出ていく電気力線の総数 φ を求めよ。ただし空間の誘電率は ε_0 [F/m] とする。

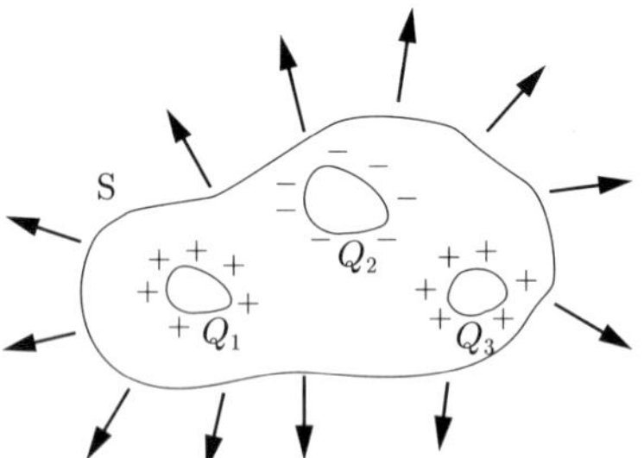

図 2.13　閉曲面S内にある電荷

【解答】　ガウスの定理より

$$\varphi = \frac{1}{\varepsilon_0} \sum_{i=1}^{3} Q_i = \frac{Q_1 - Q_2 + Q_3}{\varepsilon_0}$$

2.5　電界と電位

図 **2.14**(a) で、物体が点Aに対し高さ h [m] にあるとき、物体は力 Mg [N] を受け、Mgh [J] の位置エネルギーをもっている。一方、図 2.14(b) の一様な電界中にある電荷は、重力中の物体のように、力 qE を受ける。このとき、図 2.14(a) と図 2.14(b) 間では、

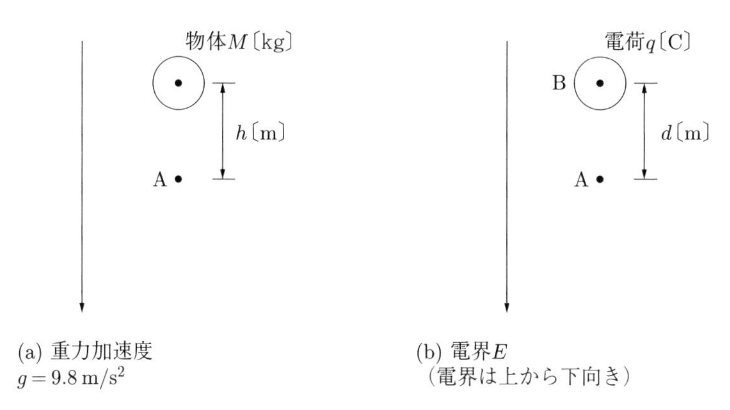

(a) 重力加速度 $g = 9.8\,\mathrm{m/s^2}$

(b) 電界E（電界は上から下向き）

図 **2.14**　高さと電位との関係

重力 g	⇔	電界 E
物体の質量 M	⇔	電荷 q
高さ h	⇔	距離 d

の対応があることに注意すると、図 2.14(b) で、電荷 q が点 A に対し距離 d [m] にあるとき、qEd [J] の位置エネルギーをもっているといえる。外部から力 $\boldsymbol{F}$ を加えて、点 A から点 B へ電荷を運んだときに、力 $\boldsymbol{F}$ が電荷の移動に対してした仕事量 W は

$$W = \int_A^B \boldsymbol{F} \cdot d\boldsymbol{r} = \int_A^B (-q\boldsymbol{E}) \cdot d\boldsymbol{r} = qEd \tag{2.9}$$

となる。この仕事量 W を、電荷 q が A から B へと移動する際に、電荷は位置エネルギーとして受け取ったことになる。上の表によると、「電磁気学における高さ」の概念は d となりそうであるが、重力とは異なり、電界は場所により変化すると考える必要があり、位置エネルギーが高さに比例するようにするためには、d だけでなく E の大きさも組みこんで定義するべきであろう。

いま、電荷 1 C 当たりの位置エネルギーの大きさを電位 V [V] と定義して

$$V = \frac{W}{q} \tag{2.10}$$

とする。式 (2.9) と式 (2.10) から、W を消去すると、一様な電界中における電界と

電位との関係式

$$V = Ed \tag{2.11}$$

を導出できる。これは電磁気学における高さの概念であり、d だけでなく E の変動の影響も含まれている。

2.6　一様でない電界と電位

電界が一様なときの電位の定義は前節で学んだ。電界が一様でない場合は積分を用いて電位を定義する。**図 2.15** のように、座標 r [m] の位置における電界を $\boldsymbol{E}(r) = E(r)\boldsymbol{r}$ と定義する。ただし、$\boldsymbol{r}$ は $+r$ 方向を向く単位ベクトルである。

r 軸上の点 α は原点から r 離れた位置にあり、点 β は $r{+}dr$ の位置にある。dr は微小なので、点 α と点 β の電界は等しく

$$E(r) \approx E(r + dr) \tag{2.12}$$

と考える。このとき、点 α を基準とするときの点 β の電位 dV は

$$dV = E(r) \cdot (-dr) \tag{2.13}$$

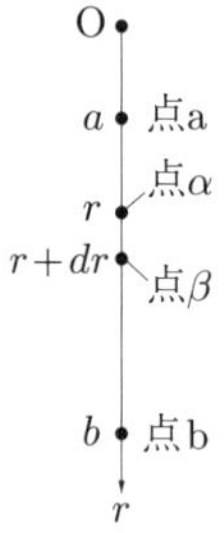

図 2.15　一様でない電界

すなわち、電界の大きさ×（点 α に対する点 β の高さ）で与えられる。式 (2.13) を書き変えると

$$E(r) = -\frac{dV(r)}{dr} \tag{2.14}$$

となる。これは、電圧 $V(r)$ を距離 r で微分することで電界を表現できることを示す。いま、図 2.15 のように点 a と点 b を定義する。ただし、a と b の間の距離は微小ではなく、有限である。点 a を基準とする点 b の電位 V_{ba} は、a から b まで移動しながら微小区間 dr の間の電位差 dV をすべて足し合わせたものである。したがって、式 (2.13) の両辺を点 a から b まで定積分すると

$$\int_0^{V_{ba}} dV = \int_a^b E(r)(-dr) \tag{2.15}$$

上式の左辺を計算すると

$$\int_0^{V_{ba}} dV = [V]_0^{V_{ba}} = V_{ba} \tag{2.16}$$

となるので、式 (2.15) は

$$V_{ba} = -\int_a^b E(r)dr \tag{2.17}$$

と書ける。

> **【例題 2.7】** 点電荷 Q [C] の周りの電位を求めよ。

【解答】 原点に Q があるとする。原点から r [m] 離れた位置における電界は、ガウスの法則より

$$E(r) = \frac{\frac{Q}{\varepsilon_0}}{4\pi r^2} \tag{1}$$

である。$r = a$ の位置に対する $r = b$ における電位 V_{ba} は、上式を式 (2.17) に代入して

$$\begin{aligned} V_{ba} &= -\int_a^b \frac{1}{4\pi\varepsilon_0} \cdot \frac{Q}{r^2} dr = -\frac{Q}{4\pi\varepsilon_0}\left[\frac{r^{-2+1}}{-2+1}\right]_a^b \\ &= \frac{Q}{4\pi\varepsilon_0}\left(\frac{1}{b} - \frac{1}{a}\right) \end{aligned} \tag{2}$$

となる。通常、電位の基準位置として無限遠方をとり、Q から距離 r [m] の位置における電位は、式 (2) で $a = +\infty$、$b = r$ と置いて

$$V_{ba} = \frac{1}{4\pi\varepsilon_0} \cdot \frac{Q}{r} \tag{3}$$

と表す。

> **【例題 2.8】** **図 2.16** のような同心導体球がある。内側と外側の導体球に、それぞれ電荷 Q_1 [C] と Q_2 [C] を与えた。このとき、導体球の中心から r [m] 離れた点における電界 $E(r)$ [V/m] は

$$E(r) = \begin{cases} 0(r < a,\ b < r < c) \\ \dfrac{Q_1}{4\pi\varepsilon_0 r^2}(a < r < b) \\ \dfrac{Q_1 + Q_2}{4\pi\varepsilon_0 r^2}(c < r) \end{cases}$$

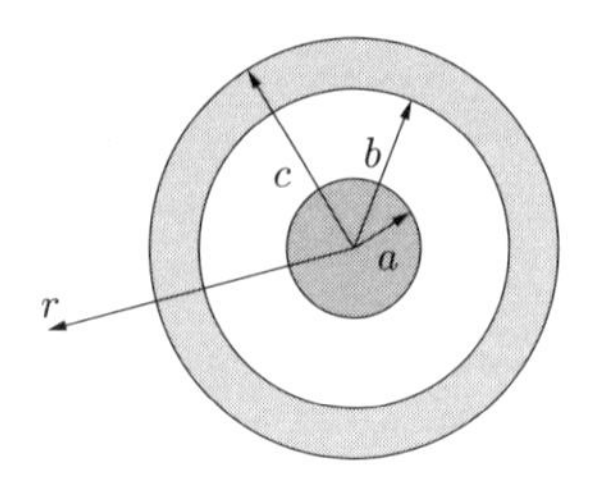

図 2.16　同心導体球の電位

である。ただし、電界 $E(r)$ の向きは $+r$ 方向である。つぎの問いに答えよ。

(1)　球の中心から r [m] 離れた点における電位 $V_{r\infty}$ [V] を積分の形で表せ。ただし、電位の基準は無限遠方 $r = +\infty$ とする。

(2)　以下の場合で、電位 $V_{r\infty}$ [V] を求めよ。積分計算の途中を省略しないこと。

(a)　$c < r$

(b)　$b < r < c$

(c)　$a < r < b$

(d)　$r < a$

(考え方) ①　一般に、

$$\int_a^b f(x)dx = \int_c^b f(x)dx + \int_a^c f(x)dx \tag{1}$$

が成立する。

②　与式で 変数の変換 $(r \to s)$ をして、s 軸上のそれぞれの位置において電界の式が**図 2.17** のように変化していることを確認すること。

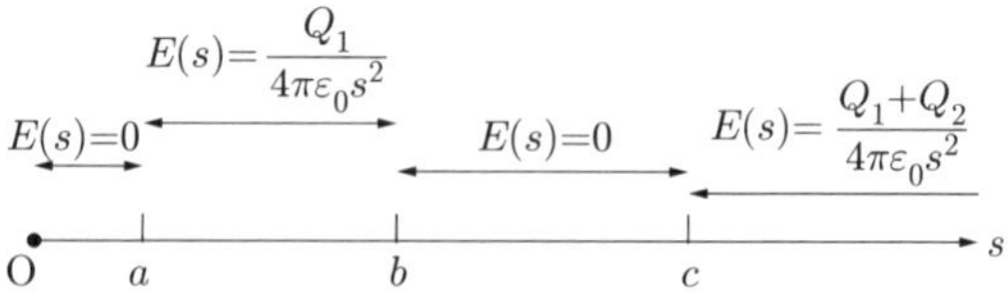

$E(s)=0$　$E(s)=\dfrac{Q_1}{4\pi\varepsilon_0 s^2}$　$E(s)=0$　$E(s)=\dfrac{Q_1+Q_2}{4\pi\varepsilon_0 s^2}$

O　a　b　c　s

図 2.17　s 軸上での電界

【解答】 (1)　式 (2.17) で $a = \infty$、$b = r$ として

$$V_{r\infty} = -\int_\infty^r E(s)ds \tag{2}$$

となる。

(2) (a) $c < r$ の場合

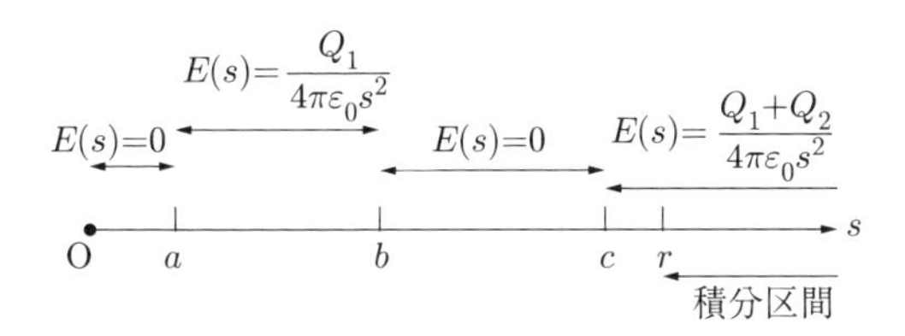

図 2.18　$c < r$ の場合の積分区間

積分区間と電界の式との関係は図 **2.18** となり、積分中に式の形は変わらない。式 (2) の積分を実行すると

$$
\begin{aligned}
V_{r\infty} &= -\int_{\infty}^{r} \frac{1}{4\pi\varepsilon_0} \cdot \frac{Q_1 + Q_2}{s^2} ds = -\frac{Q_1 + Q_2}{4\pi\varepsilon_0} \left[\frac{s^{-2+1}}{-2+1} \right]_{\infty}^{r} \\
&= \frac{Q_1 + Q_2}{4\pi\varepsilon_0} (\frac{1}{r} - \frac{1}{\infty}) = \frac{Q_1 + Q_2}{4\pi\varepsilon_0 r}
\end{aligned}
\tag{3}
$$

となる。

(b) $b < r < c$ の場合

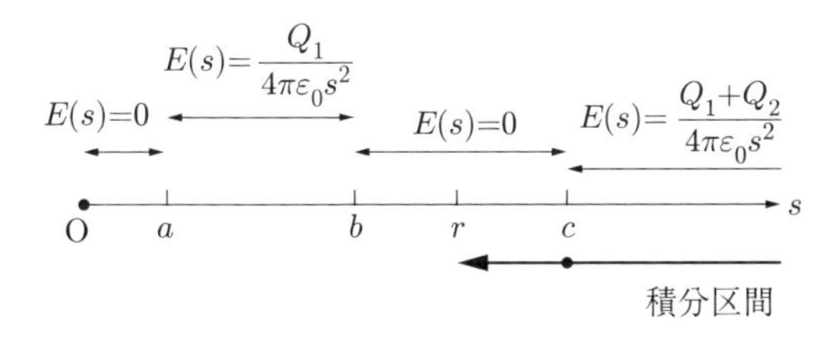

図 2.19　$b < r < c$ の場合の積分区間

積分区間中で、$r = c$ において電界の式の形が変わることに注意。このため、式 (1) を使って、$r = c$ で積分を分割する必要がある。積分を分割すると

$$
V_{r\infty} = -\int_{c}^{r} E(s) ds - \int_{\infty}^{c} E(s) ds \tag{4}
$$

上式の右辺第 2 項は、式 (3) で $r = c$ としたものに等しいことに注意のこと。積分区間に対応する式を考えることで、右辺第 1 項は $E(s) = 0$ を用いる。以上より式 (4) は

$$
V_{r\infty} = -\int_{c}^{r} 0\, ds + \frac{Q_1 + Q_2}{4\pi\varepsilon_0 c} = \frac{Q_1 + Q_2}{4\pi\varepsilon_0 c} \tag{5}
$$

(c) $a < r < b$ の場合

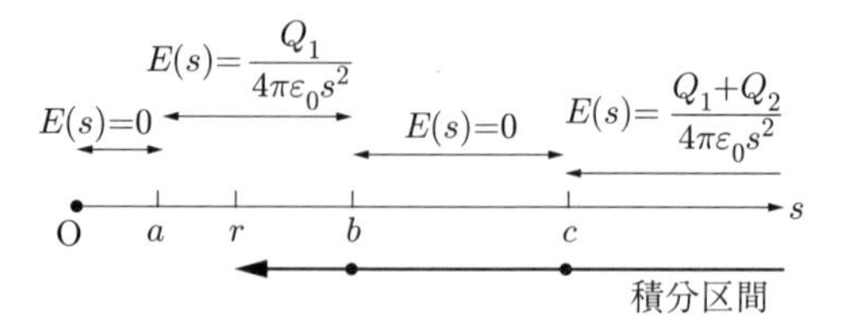

図 2.20　$a < r < b$ の場合の積分区間

積分区間中で2回、電界を表す式が変わることと、前問(b)の結果をできるだけ利用することを考えて、以下のように積分を分割する。

$$V_{r\infty} = -\int_b^r E(s)ds - \int_\infty^b E(s)ds \tag{6}$$

上式の右辺第二項は、式(5)の値に等しいことに注意。積分区間に対応する式を考えることで、右辺第1項は $E(s) = \frac{1}{4\pi\varepsilon_0} \cdot \frac{Q_1}{s^2}$ を用いる。以上より、式(6)は

$$\begin{aligned} V_{r\infty} &= -\int_b^r \frac{1}{4\pi\varepsilon_0} \cdot \frac{Q_1}{s^2}\, ds + \frac{Q_1+Q_2}{4\pi\varepsilon_0 c} \\ &= \frac{Q_1}{4\pi\varepsilon_0}(\frac{1}{r} - \frac{1}{b}) + \frac{Q_1+Q_2}{4\pi\varepsilon_0 c} \end{aligned} \tag{7}$$

(d) $r < a$ の場合

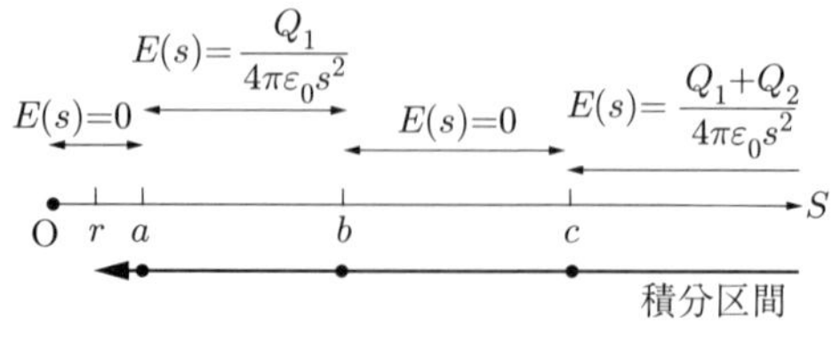

図 2.21　$r < a$ の場合の積分区間

積分区間中での電界の式の変化、前問までの結果の有効利用を考えて、積分を分割した後で積分を実行すると

$$\begin{aligned} V_{r\infty} &= -\int_a^r E(s)\, ds - \int_\infty^a E(s)\, ds \\ &= -\int_a^r 0\, ds + \frac{Q_1}{4\pi\varepsilon_0}(\frac{1}{a} - \frac{1}{b}) + \frac{Q_1+Q_2}{4\pi\varepsilon_0 c} \\ &= \frac{Q_1}{4\pi\varepsilon_0}(\frac{1}{a} - \frac{1}{b}) + \frac{Q_1+Q_2}{4\pi\varepsilon_0 c} \end{aligned} \tag{8}$$

ただし、$-\int_{\infty}^{a} E(s)ds$ は式(7)で $r=a$ としたものに等しいことに注意のこと。

2.7 3次元空間で変化する電界

一般に、**電界**は3次元のベクトルであるので、位置 (x,y,z) における電界 $\boldsymbol{E}(x,y,z)$ を

$$
\begin{aligned}
\boldsymbol{E}(x,y,z) &= \begin{pmatrix} E_x(x,y,z) \\ E_y(x,y,z) \\ E_z(x,y,z) \end{pmatrix} = E_x(x,y,z)\begin{pmatrix} 1 \\ 0 \\ 0 \end{pmatrix} \\
&\quad + E_y(x,y,z)\begin{pmatrix} 0 \\ 1 \\ 0 \end{pmatrix} + E_z(x,y,z)\begin{pmatrix} 0 \\ 0 \\ 1 \end{pmatrix} \\
&= E_x(x,y,z)\boldsymbol{i} + E_y(x,y,z)\boldsymbol{j} + E_z(x,y,z)\boldsymbol{k}
\end{aligned}
\tag{2.18}
$$

と表そう。ここで、E_x、E_y および E_z はそれぞれ電界 $\boldsymbol{E}$ の x 成分、y 成分および z 成分である。$\boldsymbol{i}$、$\boldsymbol{j}$ および $\boldsymbol{k}$ はそれぞれ x 軸、y 軸 および z 軸方向を向く単位ベクトルである。

いま、x 軸に平行な直線上の点 $\mathrm{A}(x,y,z)$ に対する点 $\mathrm{B}(x+\partial x,y,z)$ の電位 $\partial V(x,y,z)$ は、前節式(2.14)より

$$
\partial V(x,y,z) = -\partial x \cdot E_x(x,y,z)
$$

$$
\therefore E_x(x,y,z) = -\frac{\partial V(x,y,z)}{\partial x} \tag{2.19}
$$

ここで、$\frac{\partial V(x,y,z)}{\partial x}$ は関数 V の x に関する偏微分（多変量関数 V が含む変数のうち x 以外は定数と考えて、V を x で微分した量）を表す。式(2.19)は y 成分、z 成分に対しても同様に成立し

$$
E_y(x,y,z) = -\frac{\partial V(x,y,z)}{\partial y} \tag{2.20}
$$

$$
E_z(x,y,z) = -\frac{\partial V(x,y,z)}{\partial z} \tag{2.21}
$$

である。式 (2.19)〜(2.21) を式 (2.18) に代入すると

$$\boldsymbol{E} = -\frac{\partial V}{\partial x}\boldsymbol{i} - \frac{\partial V}{\partial y}\boldsymbol{j} - \frac{\partial V}{\partial z}\boldsymbol{k} = -(\frac{\partial}{\partial x}\boldsymbol{i} + \frac{\partial}{\partial y}\boldsymbol{j} + \frac{\partial}{\partial z}\boldsymbol{k})V$$
$$= -\nabla V = -\mathrm{grad}\ V \tag{2.22}$$

ここで

$$\nabla = \frac{\partial}{\partial x}\boldsymbol{i} + \frac{\partial}{\partial y}\boldsymbol{j} + \frac{\partial}{\partial z}\boldsymbol{k} \tag{2.23}$$

であり、記号 ∇ はナブラとよばれる。式 (2.22) で ∇V および $\mathrm{grad}\, V$ は gradient（グラディエント）とも書き、電位 V の勾配ともいう。電位の観測点が移動するとき、電位 V の変化量が最大となる移動方向に ∇V の向きは等しい。

【例題 2.9】 電位 V が点 O からの距離 r [m] に依存して、次式のように変化するとき、電界の x, y, z 成分を計算せよ。

$$V = \begin{cases} \frac{Q}{8\pi\varepsilon_0 a^3}(3a^2 - r^2)\ [\mathrm{V}](r < a) \\ \frac{Q}{4\pi\varepsilon_0 r}\ [\mathrm{V}](r > a) \end{cases}$$

【解答】 点 O から距離 r [m] の位置にある点の座標を (x, y, z) とする。r [m] と (x, y, z) との関係は

$$r = \sqrt{x^2 + y^2 + z^2} = (x^2 + y^2 + z^2)^{\frac{1}{2}} \tag{1}$$

である。

(a) $r < a$ の場合

$$\boldsymbol{E}(x, y, z) = -\nabla V = -\begin{bmatrix} \frac{\partial}{\partial x} \\ \frac{\partial}{\partial y} \\ \frac{\partial}{\partial z} \end{bmatrix} \left\{ \frac{Q}{8\pi\varepsilon_0 a^3}(3a^2 - x^2 - y^2 - z^2) \right\}$$
$$= -\frac{Q}{8\pi\varepsilon_0 a^3}\begin{bmatrix} \frac{\partial}{\partial x}(3a^2 - x^2 - y^2 - z^2) \\ \frac{\partial}{\partial y}(3a^2 - x^2 - y^2 - z^2) \\ \frac{\partial}{\partial z}(3a^2 - x^2 - y^2 - z^2) \end{bmatrix}$$
$$= -\frac{Q}{8\pi\varepsilon_0 a^3}\begin{bmatrix} -2x \\ -2y \\ -2z \end{bmatrix} = \frac{Q}{4\pi\varepsilon_0 a^3}\begin{bmatrix} x \\ y \\ z \end{bmatrix} \tag{2}$$

(b) $r > a$ の場合

$$\boldsymbol{E}(x,y,z) = -\nabla V = -\begin{bmatrix} \frac{\partial}{\partial x} \\ \frac{\partial}{\partial y} \\ \frac{\partial}{\partial z} \end{bmatrix} \left(\frac{Q}{4\pi\varepsilon_0\sqrt{x^2+y^2+z^2}}\right)$$
$$= -\frac{Q}{4\pi\varepsilon_0}\begin{bmatrix} -\frac{1}{2}(x^2+y^2+z^2)^{-\frac{1}{2}-1}\cdot 2x \\ -\frac{1}{2}(x^2+y^2+z^2)^{-\frac{1}{2}-1}\cdot 2y \\ -\frac{1}{2}(x^2+y^2+z^2)^{-\frac{1}{2}-1}\cdot 2z \end{bmatrix}$$
$$= \frac{Q}{4\pi\varepsilon_0(x^2+y^2+z^2)^{\frac{3}{2}}}\begin{bmatrix} x \\ y \\ z \end{bmatrix} = \frac{Q}{4\pi\varepsilon_0 r^3}\begin{bmatrix} x \\ y \\ z \end{bmatrix} \tag{3}$$

ただし、最後の変形で式 (1) を用いた。

2.8　ガウスの定理と発散

図 2.22 のような微小な体積 Δv をもつ直方体を考える。この中に電荷 $Q = \rho(x,y,z)\Delta v$ がある。ただし、$\rho(x,y,z)$ [C/m^3] は位置 (x,y,z) における電荷密度である。図中、x 軸に直交する 2 面で、直方体の内側から外側へ通過する電気力線の本数は

$$-E_x(x,y,z)\Delta y\Delta z + E_x(x+\Delta x,y,z)\Delta y\Delta z \tag{2.24}$$

である。ただし、$E_x(x,y,z)$ は位置 (x,y,z) における $\boldsymbol{E}(x,y,z)$ の x 成分である。$\boldsymbol{E}(x,y,z)$ の y 成分 $E_y(x,y,z)$ および z 成分 $E_z(x,y,z)$ は上記で考えた 2 面に平

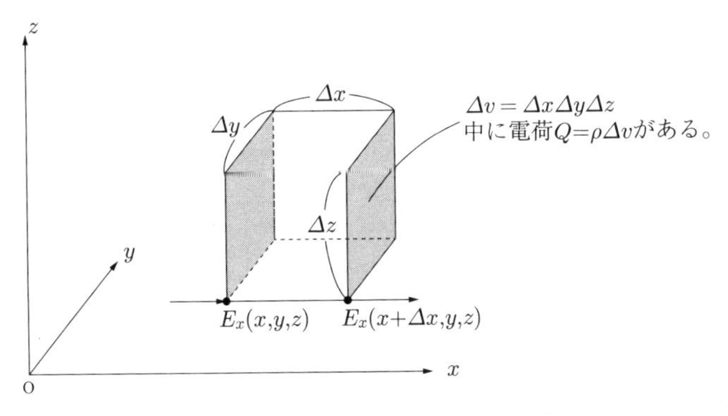

図 2.22　微小な直方体中にある電荷

行であるため、通過する電気力線の本数に関係しない。上式の第1項目で、E_x のマイナス符号は内側から外側方向の向きを正としていることによる。式 (2.24) で線形近似

$$E_x(x+\Delta x, y, z) = E_x(x, y, z) + \frac{\partial E_x(x, y, z)}{\partial x}\Delta x \tag{2.25}$$

を行うと、式 (2.24) は

$$\frac{\partial E_x(x, y, z)}{\partial x}\Delta x\Delta y\Delta z \tag{2.26}$$

となる。同様にして、y 軸および z 軸に直交する面で、直方体の内側から外側方向へ通過する電気力線の本数はそれぞれ

$$\frac{\partial E_y(x, y, z)}{\partial y}\Delta x\Delta y\Delta z \tag{2.27}$$

$$\frac{\partial E_z(x, y, z)}{\partial z}\Delta x\Delta y\Delta z \tag{2.28}$$

となる。直方体を内側から外側方向へ貫く電気力線の総数は式 (2.26)〜(2.28) の和に等しく

$$\begin{aligned}(\frac{\partial E_x}{\partial x} + \frac{\partial E_y}{\partial y} + \frac{\partial E_z}{\partial z})\Delta x\Delta y\Delta z &= (\nabla \cdot \boldsymbol{E}) \cdot \Delta x\Delta y\Delta z \\ &= (\mathrm{div}\,\boldsymbol{E}) \cdot \Delta x\Delta y\Delta z \end{aligned} \tag{2.29}$$

ただし、$\nabla \cdot \boldsymbol{E}$ はナブラと $\boldsymbol{E}$ の内積であり、div $\boldsymbol{E}$ とも書く、div はダイヴァージェンスとよぶ。div$\boldsymbol{E}$ は $\boldsymbol{E}$ の**発散**とよばれる。ガウスの定理より、式 (2.29) は直方体内部の電荷量に等しいので

$$\begin{aligned}(\mathrm{div}\ \boldsymbol{E}) \cdot \Delta x\Delta y\Delta z &= \frac{\rho(x, y, z) \cdot \Delta x\Delta y\Delta z}{\varepsilon_0} \\ \therefore \mathrm{div}\ \boldsymbol{E} &= \frac{\rho(x, y, z)}{\varepsilon_0}\end{aligned} \tag{2.30}$$

上式は、ガウスの定理の微分表示式である。

【例題 2.10】　電界 $\boldsymbol{E}(x,y,z)$ が次式で与えられている。

$$\boldsymbol{E}(x,y,z) = \frac{Q}{4\pi\varepsilon_0 a^3}\begin{bmatrix} x \\ y \\ z \end{bmatrix} \quad (r < a)$$

$$\boldsymbol{E}(x,y,z) = \frac{Q}{4\pi\varepsilon_0 r^3}\begin{bmatrix} x \\ y \\ z \end{bmatrix} \quad (a < r)$$

ただし、r は原点と観測点 (x,y,z) 間との距離であり、$r=\sqrt{x^2+y^2+z^2}$ である。Q および a は定数である。つぎの場合で、電荷密度 $\rho(x,y,z)$ を計算せよ。

(a)　$r < a$

(b)　$a < r$

【解答】 (a) $r < a$ のとき

式 (2.30) より

$$\frac{\rho}{\varepsilon_0} = \nabla\cdot\boldsymbol{E} = \frac{Q}{4\pi\varepsilon_0 a^3}\begin{pmatrix} \frac{\partial}{\partial x} \\ \frac{\partial}{\partial y} \\ \frac{\partial}{\partial z} \end{pmatrix}\cdot\begin{pmatrix} x \\ y \\ z \end{pmatrix}$$

$$= \frac{Q}{4\pi\varepsilon_0 a^3}\left(\frac{\partial}{\partial x}(x) + \frac{\partial}{\partial y}(y) + \frac{\partial}{\partial z}(z)\right) = \frac{3Q}{4\pi\varepsilon_0 a^3}$$

$$\therefore \rho = \frac{3Q}{4\pi a^3}$$

(b) $a < r$ のとき

$$\frac{\rho}{\varepsilon_0} = \nabla\cdot\boldsymbol{E} = \frac{Q}{4\pi\varepsilon_0}\begin{pmatrix} \frac{\partial}{\partial x} \\ \frac{\partial}{\partial y} \\ \frac{\partial}{\partial z} \end{pmatrix}\cdot\begin{pmatrix} \frac{x}{r^3} \\ \frac{y}{r^3} \\ \frac{z}{r^3} \end{pmatrix}$$

$$= \frac{Q}{4\pi\varepsilon_0}\left\{\left(\frac{\partial}{\partial x}\frac{x}{r^3}\right) + \left(\frac{\partial}{\partial y}\frac{y}{r^3}\right) + \left(\frac{\partial}{\partial z}\frac{z}{r^3}\right)\right\} \tag{1}$$

上式の一部である $\frac{\partial}{\partial x}(\frac{x}{r^3})$ を計算すると（合成関数の微分公式を繰り返し用いることに注意！）

$$\begin{aligned}\frac{\partial}{\partial x}\frac{x}{r^3} &= \frac{\partial}{\partial x}(\frac{1}{r^3}\cdot x) = x(\frac{\partial}{\partial x}\frac{1}{r^3}) + \frac{1}{r^3}(\frac{\partial}{\partial x}x)\\ &= x(-3)r^{-3-1}(\frac{\partial}{\partial x}r) + \frac{1}{r^3}(\frac{\partial}{\partial x}x)\\ &= x(-3)r^{-3-1}\cdot\frac{1}{2}(x^2+y^2+z^2)^{(\frac{1}{2}-1)}\cdot 2x + \frac{1}{r^3}\\ &= -3x^2r^{-4}r^{-1} + \frac{1}{r^3} = -\frac{3x^2}{r^5} + \frac{1}{r^3}\end{aligned} \tag{2}$$

となる。$\frac{\partial}{\partial y}\frac{y}{r^3}$ や $\frac{\partial}{\partial z}\frac{z}{r^3}$ の計算結果も式 (2) から同様に予想できる。式 (1) の計算を式 (2) を用いてさらに進めると

$$\begin{aligned}\frac{\rho}{\varepsilon_0} &= \frac{Q}{4\pi\varepsilon_0}\left\{(-\frac{3x^2}{r^5}+\frac{1}{r^3}) + (-\frac{3y^2}{r^5}+\frac{1}{r^3}) + (-\frac{3z^2}{r^5}+\frac{1}{r^3})\right\}\\ &= \frac{Q}{4\pi\varepsilon_0}\left\{-\frac{3(x^2+y^2+z^2)}{r^5} + \frac{3}{r^3}\right\}\\ &= \frac{Q}{4\pi\varepsilon_0}\left\{\frac{-3(x^2+y^2+z^2)+3(x^2+y^2+z^2)}{r^5}\right\}\\ &= 0\end{aligned} \tag{3}$$

つまり、$a < r$ の領域では、電荷密度は $\rho = 0\ \mathrm{C/m^3}$ である。

練習問題 2

問 1　図 2.23 に示すように、電荷 Q [C] に帯電した半径 a [m] のリングがあるとき、リングの中心軸上においてリングの中心から z [m] の点 P における電界を計算せよ。

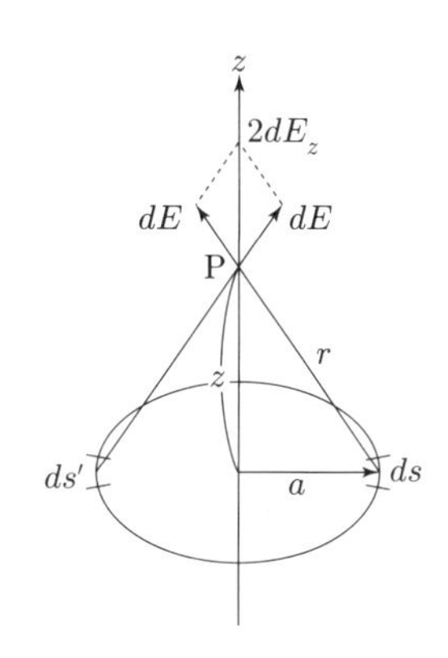

図 2.23　リング状の電荷による電界

問 2　図 2.24 に示すように、電荷 Q [C] が一様に帯電した半径 a [m] の円板があるとき、円板の中心軸上において円板の中心から z [m] の点 P における電界を計算せよ。

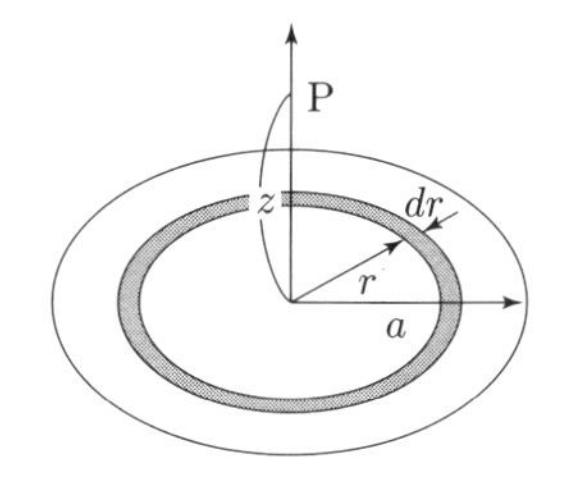

図 2.24　円板状の電荷による電界

問 3　図 2.25 に示すように、電荷 Q [C] に帯電した半径 a [m] のリングがあるとき（問 1 と同様）、リングの中心軸上においてリングの中心から z [m] の点 P における電位を計算せよ。

問 4　電荷密度 ρ [C/m^3] が一定の球状物体内において、中心から距離 r [m] における電界 $\boldsymbol{E}$ を求め、さらに div$\boldsymbol{E}$ を計算せよ。

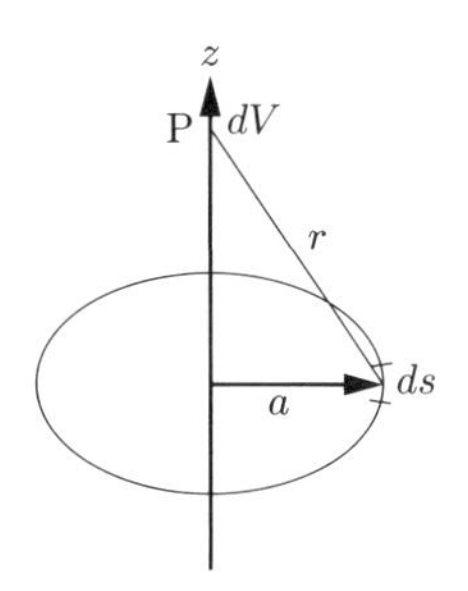

図 2.25　帯電したリングによる電位

第3章　真空中の導体系と静電容量

2つの導体で、片方に電荷が与えられると、残りの導体の表面に電荷が誘導されるというように、導体が空間的に完全に分離されているにもかかわらず、電磁気的には無関係でないことを前章で学んだ。ここでは、複数の導体間で発生する容量的な結合の強さを定量的に表現することを考えよう。

3.1　静電容量

図3.1のように、形状が等しい2つの導体板（極板）を平行に置く。極板の面積は $S\,[\mathrm{m}^2]$ であり、極板間隔は $d\,[\mathrm{m}]$ である。この導体板間に電圧源を接続し、電位差 $V\,[\mathrm{V}]$ を与えると、電圧源から導体板へ電荷が供給され、導体板に電荷 $Q\,[\mathrm{C}]$ が充電される。このとき、正の電荷が充電された上の極板から下の極板へ、極板間に一様に電界 E が発生する。極板間の電位は電界と距離との積に等しいので

$$V = Ed \tag{3.1}$$

が成立する。上側の極板から出る電気力線の本数を考えて、ガウスの法則より

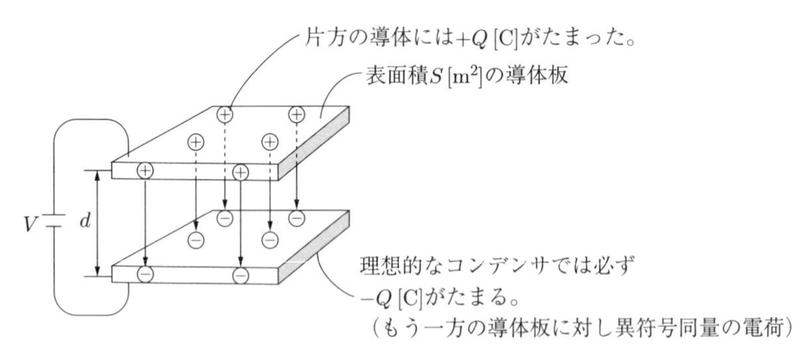

図3.1　電圧源に接続された平行平板コンデンサ

$$SE = \frac{Q}{\varepsilon_0} \tag{3.2}$$

が得られる。式 (3.1) と式 (3.2) より、E を消去して

$$\frac{Q}{V} = \frac{\varepsilon_0 S}{d} \tag{3.3}$$

が得られる。上式の右辺は極板の幾何学的な形状で決定される。これらが決定されると左辺の極板間の電圧と充電された電荷量との比はいつでも一定となることがわかる。2 つの導体で電荷を蓄積することができ、この目的で作られた素子を**コンデンサ**とよぶ。式 (3.3) の値 Q/V は極板間の電圧 1V 当たりに充電される電荷量を表しており、2 つの極板間の容量的な結びつきの強さを表している。この量をコンデンサの**静電容量** C [F] とよぶことにし、以下のように定義する。

$$C = \frac{Q}{V} \tag{3.4}$$

図 3.1 のような平行平板コンデンサの静電容量は、式 (3.3) と (3.4) より

$$C = \frac{\varepsilon_0 S}{d} \tag{3.5}$$

で与えられる。

【例題 3.1】 $50\,\mathrm{cm}^2$ の 2 枚の金属板で平行平板コンデンサを作ったところ、静電容量が 150 pF であった。

(1) このコンデンサに 200 V の電圧を加えるとき、蓄えられる電荷を計算せよ。

(2) 金属板の間隔を計算せよ。

【解答】 (1) $Q = CV = 150\,\mathrm{pF} \cdot 200\,\mathrm{V} = 150 \times 10^{-12} \cdot 200 = 3 \times 10^{-8}$ C

(2) $d = \dfrac{\varepsilon_0 S}{C} = \dfrac{8.85 \times 10^{-12} \cdot 50 \times 10^{-4}}{150 \times 10^{-12}} = 2.95 \times 10^{-4}$ m

3.2 コンデンサの接続

3.2.1 並列接続

図 3.2 のように、コンデンサを3つ並列接続し、電圧源 V [V] を接続したときを考える。電圧源から供給された総電荷量 Q [C] は各コンデンサへ分配される。3つのコンデンサの静電容量を C_1、C_2 および C_3 とするとき、これらへ充電された電荷量をそれぞれ Q_1, Q_2 および Q_3 とする。このとき、

$$Q = Q_1 + Q_2 + Q_3 \tag{3.6}$$

が成り立つ。また、並列接続のため各コンデンサの端子間電圧は電圧源の電圧に等しく、前節の式 (3.4) より

$$Q_1 = C_1 V, \quad Q_2 = C_2 V, \quad Q_3 = C_3 V \tag{3.7}$$

が成立する。式 (3.6) と式 (3.7) より

$$Q = C_1 V + C_2 V + C_3 V = (C_1 + C_2 + C_3)V \tag{3.8}$$

上式は3つのコンデンサを1つと見立てたとき、このコンデンサへ供給される電荷量 Q と電圧 V との比が各コンデンサの容量の和で表されることを示している。3つのコンデンサの合成容量を C とするとき、式 (3.8) より C は

$$C = \frac{Q}{V} = C_1 + C_2 + C_3 \tag{3.9}$$

と表される。

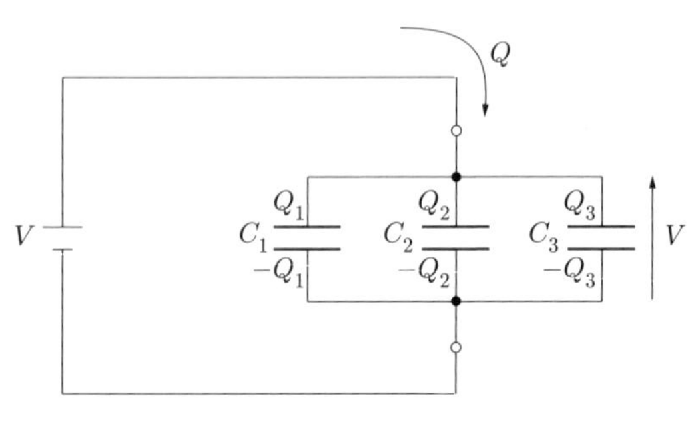

図 3.2　並列接続

一般に、N 個のコンデンサ（容量 $C_1, C_2, C_3, \cdots$）が並列接続されているとき、合成容量 C は

$$C = \sum_{i=1}^{N} C_i \tag{3.10}$$

となる。

3.2.2　直列接続

図 3.3 のようにコンデンサを 3 つ直列接続し、両端子間に電圧源 V [V] を接続したときを考える。3 つのコンデンサの上側および下側の極板へ充電されている電荷量を上から順に $q_1, q_2, \cdots, q_6$ とする。電気的に接続されていないため、それぞれの破線部分の総電荷量は 0 C となり

$$q_2 + q_3 = 0 \text{ C}, \quad q_4 + q_5 = 0 \text{ C} \tag{3.11}$$

である。2.3 節で述べたように、相対する導体表面では同じ電荷量で符号は逆になるので

$$q_2 = -q_1, \quad q_3 = -q_4, \quad q_5 = -q_6 \tag{3.12}$$

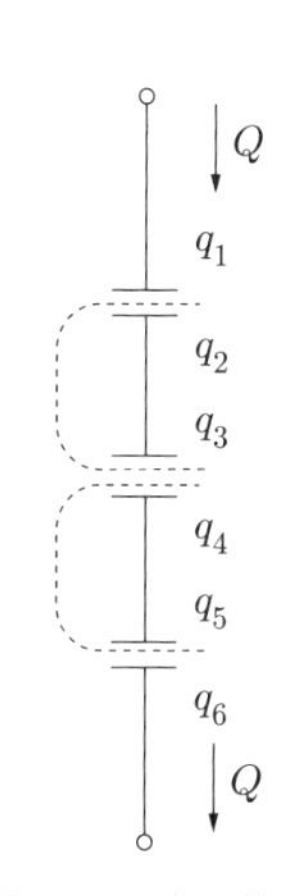

図 3.3　直列接続

が成立する。一番上と一番下の極板は電圧源の正極と負極に直接接続されている。このため、電圧源から供給された総電荷量 Q [C] は一番上の極板へ充電されるので

$$q_1 = +Q \tag{3.13}$$

となる。上式 (3.11)〜(3.13) より

$$q_1 = +Q,\ q_2 = -Q,\ q_3 = +Q,\ q_4 = -Q,\ q_5 = +Q,\ q_6 = -Q \tag{3.14}$$

となる。すなわち、すべてのコンデンサの上の極板には電圧源から供給された電荷 Q が充電される。式 (3.4) より、それぞれのコンデンサにおいて

$$V_1 = \frac{Q}{C_1}, \qquad V_2 = \frac{Q}{C_2}, \qquad V_3 = \frac{Q}{C_3} \tag{3.15}$$

が成立する。電圧源の電圧は直列接続された各コンデンサの電圧の和に等しいので

$$V = V_1 + V_2 + V_3 \tag{3.16}$$

である。合成容量 C は式 (3.4)、式 (3.15) と式 (3.16) より

$$C = \frac{Q}{V} = \frac{1}{\frac{1}{C_1} + \frac{1}{C_2} + \frac{1}{C_3}} \tag{3.17}$$

となる。以上より

$$\frac{1}{C} = \frac{1}{C_1} + \frac{1}{C_2} + \frac{1}{C_3} \tag{3.18}$$

が成立する。一般に、N 個のコンデンサ（容量 $C_1, C_2, C_3, \cdots$）が直列接続さているとき、合成容量を C とすると

$$\frac{1}{C} = \sum_{i=1}^{N} \frac{1}{C_i} \tag{3.19}$$

が成り立つ。

【例題 3.2】　面積 S [m^2]、間隔 d [m] の平行平板コンデンサの極板の間に、厚さ t [m] の導体板を極板と平行に挿入するとき、コンデンサの静電容量を計算せよ。

(考え方)　極板間に導体などを挿入する問題は、複数のコンデンサに分離して考えていく。

【解答】　導体板を挿入した後のコンデンサの図は図 **3.4**(a) のようになる。ここで、導体板の下面と極板間の距離を x とした。電荷が蓄積される場所は、導体板の場合、上下の表面のみである。したがって、導体板の上下の表面以外は導線としてだけ働いていると考えてよい。このとき、導体板を挿入したコンデンサは図 3.4(b) に等価である。さらに、図 3.4(a) のコンデンサの静電容量は図 3.4(b) の容量 C_1 のコンデンサと、容量 C_2 のコンデンサを直列接続したものに等しい。式 (3.5) より、

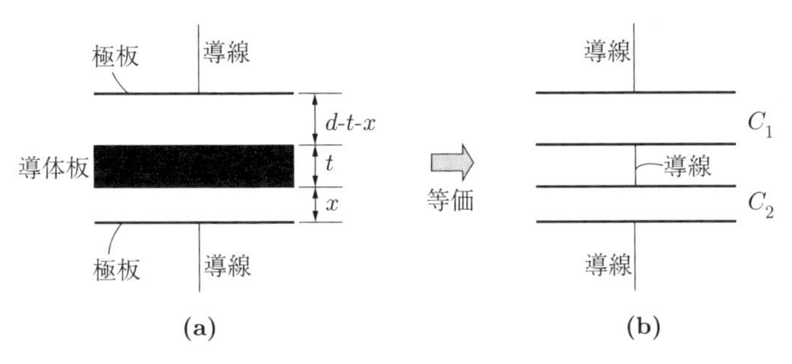

図 3.4　極板間の導体板の導線への変換

これらの容量はそれぞれ

$$C_1 = \frac{\varepsilon_0 S}{d - t - x}, \quad C_2 = \frac{\varepsilon_0 S}{x} \tag{1}$$

と表せる。この 2 つの合成容量を C とするとき、式 (3.19) より

$$\frac{1}{C} = \frac{1}{C_1} + \frac{1}{C_2} \tag{2}$$

が成立する。式 (1) と式 (2) から、C_1 と C_2 を消去して、C について解くと

$$C = \frac{\varepsilon_0 S}{d - t}$$

となり、これが求める静電容量である。

【例題 3.3】　**図 3.5** のように極板間隔 t [m] のコンデンサに、スイッチ SW を閉じて、電圧 V [V] の電圧源と接続する。

(1)　極板の間の電界 E [V/m] を計算せよ。

(2)　スイッチ SW を開いて、極板 A を点 Z まで移動するとき、極板 A、B の間の電圧を計算せよ。

(3)　(2) のあと、極板と同じ面積、厚さ t [m] の導体板を、極板と平行に XY の間に挿入するとき、極板 A、B の間の電圧を計算せよ。

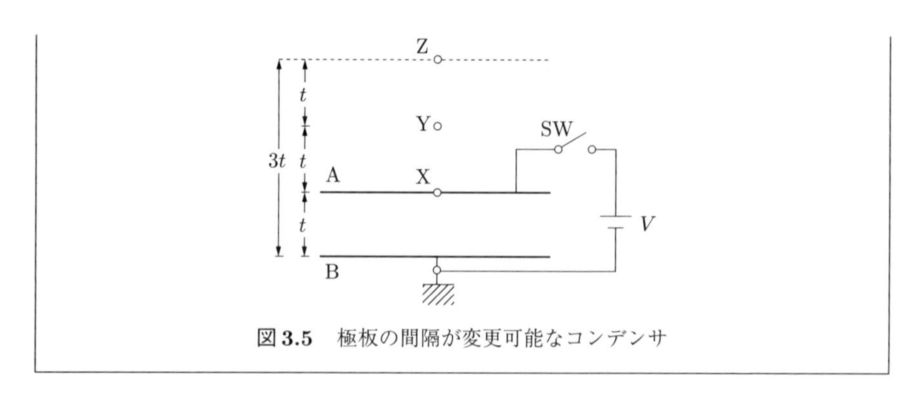

図 **3.5**　極板の間隔が変更可能なコンデンサ

【解答】 (1)　求める電界は、式 (3.1) より $E = V/t$

(2)　移動する前のコンデンサの静電容量を C_{before} とする。また、移動した後の静電容量を C_{after}、移動した後の極板 A、B の間の電圧を V_{after} とする。極板の移動中は SW が開いているため、極板への電荷の流入や流出はない。したがって、移動する前と移動した後では極板に帯電した電荷量は不変である。これと式 (3.4) より次式が成立する。

$$C_{\mathrm{before}} V = C_{\mathrm{after}} V_{\mathrm{after}}$$

$$\therefore V_{\mathrm{after}} = \frac{C_{\mathrm{before}}}{C_{\mathrm{after}}} V = \frac{\frac{\varepsilon_0 S}{t}}{\frac{\varepsilon_0 S}{3t}} V = 3V \quad [\mathrm{V}]$$

上の式で、S [m^2] は極板の面積、移動する前の極板 A、B の間の電圧は V である。$C_{\mathrm{before}} = \frac{\varepsilon_0 S}{t}$、$C_{\mathrm{after}} = \frac{\varepsilon_0 S}{3t}$ であることに注意。

(3)　厚さ t [m] の導体板を入れた後のコンデンサの静電容量は、例題 3.2 を参考にして

$$C'_{\mathrm{after}} = \frac{\varepsilon_0 S}{2t}$$

と表せる。SW が開いているため、導体板を挿入中に極板への電荷の流入や流出はない。導体板を挿入した後の極板 A、B の間の電圧を V'_{after} とすれば、導体板挿入の前後で極板の電荷量は不変であるので

$$C_{\mathrm{after}} V_{\mathrm{after}} = C'_{\mathrm{after}} V'_{\mathrm{after}}$$

$$\therefore \frac{\varepsilon_0 S}{3t} \cdot 3V = \frac{\varepsilon_0 S}{2t} \cdot V'_{\mathrm{after}}$$

となる。上の式を V'_{after} について解けば、$V'_{\mathrm{after}} = 2V$ [V] である。

練習問題 3

問 1　地球（導体）の静電容量を求めよ。ただし、地球の半径は 6.4×10^6 m である。

問 2　電荷が充電されていない。静電容量が C [F] のコンデンサがある。これに電荷 Q [C] を充電するのに必要なエネルギー（静電エネルギー）を求めよ。

問 3　**図 3.6** に示すような、2 本の平行無限長導線の間の単位長さ（1 m 当たり）の静電容量を計算せよ。ただし、導線の半径はいずれも a [m] とし、導線の中心軸間の距離は D [m] とする。

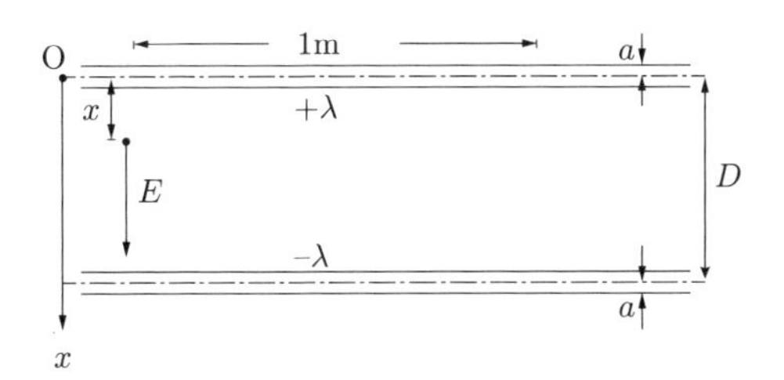

図 3.6　帯電した 2 本導線

第4章　誘電体

4.1　誘電体と誘電率

極板間が真空のとき静電容量が C_0 の平行平板コンデンサがある。**図4.1** のように、このコンデンサの極板間へ絶縁体を挿入すると、静電容量が C に変わる。これらの容量の比

$$\varepsilon_r = \frac{C}{C_0} \tag{4.1}$$

は、コンデンサの形状が変化しても、絶縁体の種類が同じであれば、一定であることが実験よりわかっている。ε_r は絶縁体の**比誘電率**といい、これは絶縁体固有の値となる。式(3.5)より

$$C_0 = \frac{\varepsilon_0 S}{d} \tag{4.2}$$

であるので、式(4.1)と式(4.2)より

$$C = \varepsilon_r C_0 = \frac{\varepsilon_r \varepsilon_0 S}{d} = \frac{\varepsilon S}{d} \tag{4.3}$$

ここで、ε を絶縁体の**誘電率**とよび、$\varepsilon = \varepsilon_0 \varepsilon_r$ であり、これも絶縁体固有の値となる。真空に比べ、誘電率が高い絶縁体を**誘電体**とよぶ。

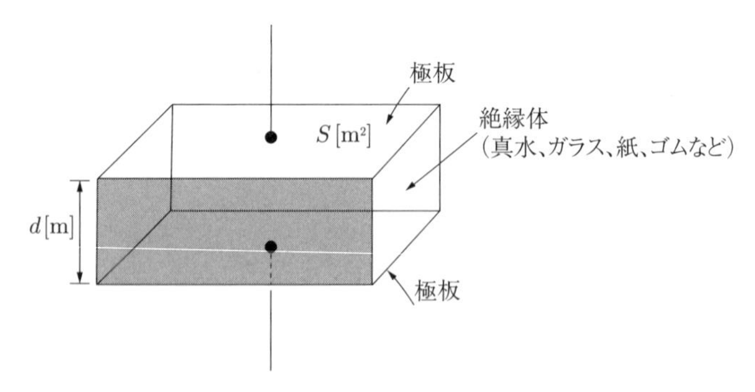

図4.1　極板間が誘電体で満たされた平行平板コンデンサ

【例題 4.1】 厚さ 0.06 mm のポリスチロール（比誘電率 2.6）のフィルムの両面に金属膜を付着させ、1μF のコンデンサを作るには、面積をいくらにすればよいか。

【解答】 $C = \dfrac{\varepsilon S}{d}$ より $\quad \therefore S = \dfrac{dC}{\varepsilon} = \dfrac{(0.06 \times 10^{-3}) \times (1 \times 10^{-6})}{2.6 \times (8.9 \times 10^{-12})} = 2.6\ \mathrm{m}^2$

4.2 分 極

コンデンサの極板間に誘電体を挿入すると、静電容量を増加させ、充電可能な電荷を増やすことが可能になる。極板間が真空のときに、極板間に電圧源を接続して電圧をかける。このとき、**図 4.2**(a) のように電源を接続して十分に時間が経つと、極板には電荷 Q が充電されている。上の極板に充電された正電荷から下の極板にある負電荷へ電界 $E = V/d$ が発生する。この電界の大きさは電気力線の密度に等しい。

つぎに、図 4.2(b) のように、同じコンデンサに誘電体を挿入する。このとき、誘電体中の電荷が電界から力を受け、正の極板付近の誘電体の表面には負の電荷が発生し、負の極板付近の誘電体表面には正の電荷が発生する。これらの誘電体に発生した電荷は外部へ取り出すことはできず、**分極電荷**とよぶ。極板上にある電荷は外部に取り出すことができ、このような電荷を**真電荷**とよぶ。

このように分極電荷が発生する現象を**分極**という。

分極電荷は電荷としての性質を真電荷と同様にもっているので、極板間中の電気力線の一部は分極電荷に吸収、発生することになる。これにより上の極板から下の極板へ到達する電気力線の本数は減ることになる。しかし、極板には電圧 V を一定に保つ電圧源が接続されたままであり、$E = V/d$ より極板間の電界 E は一定のはずである。このため、極板間を貫く電気力線の本数は誘電体が挿入されても変化しない。分極電荷によって減少した電気力線を補うため、新たに真電荷が極板へ供給され、極板上の真電荷量は $Q'(> Q)$ へ増加する。このため、コンデンサに充電可能な電荷量が増加する。

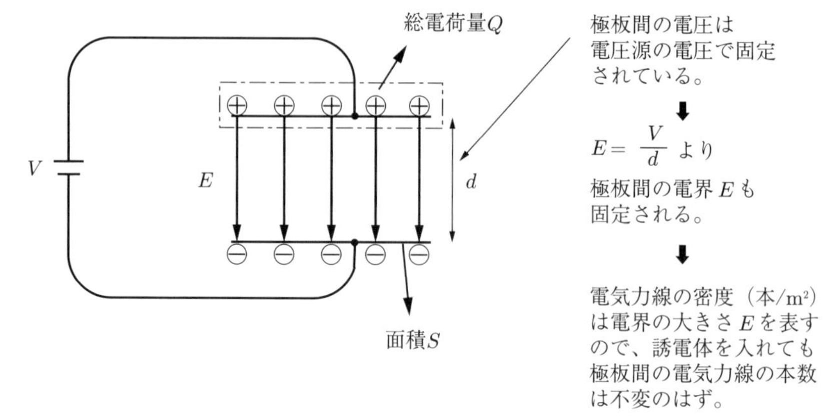

(a) 極板間真空

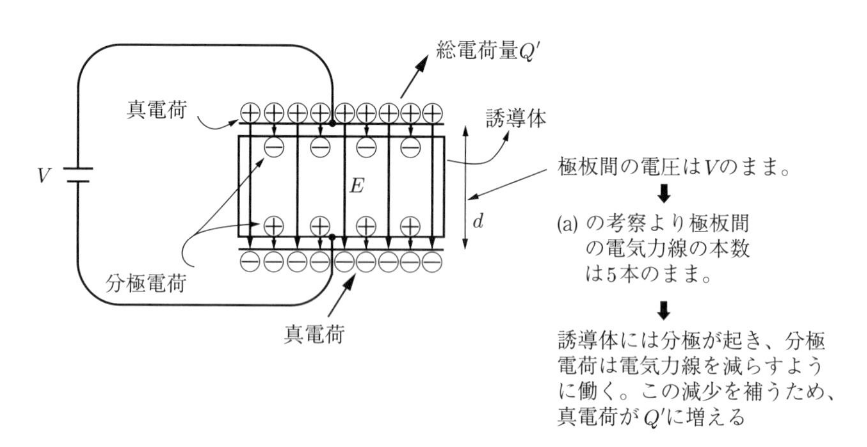

(b) 極板間誘電体

図 4.2　電圧一定のコンデンサの電気力線本数は誘電体を挿入しても不変

【例題 4.2】　比誘電率が5、厚さ5 mmのガラス板を金属の板ではさんで平行平板コンデンサを作ったところ、一方の電極とガラス板との間に、1 mmの隙間があった。

(1)　隙間がないようにコンデンサを作った場合に比べて静電容量は何倍になるか、比を計算せよ。

(2)　隙間とガラスの中の電界との比を計算せよ。

(考え方) **図 4.3** に隙間がないコンデンサと、隙間があるコンデンサへ電荷を充電したときの図を示す（(a)、(b)）。両方とも分極電荷に電気力線が吸収されているような形になっている。重要なことは、図 4.3(b) で隙間の部分と誘電体の部分の電気力線の数が異なることである。一般に電界の大きさは電気力線の数の密度に比例するため、図 4.3(b) の真空部分では電界の大きさが大きく、誘電体部分では電界の大きさが小さいことが予想される。

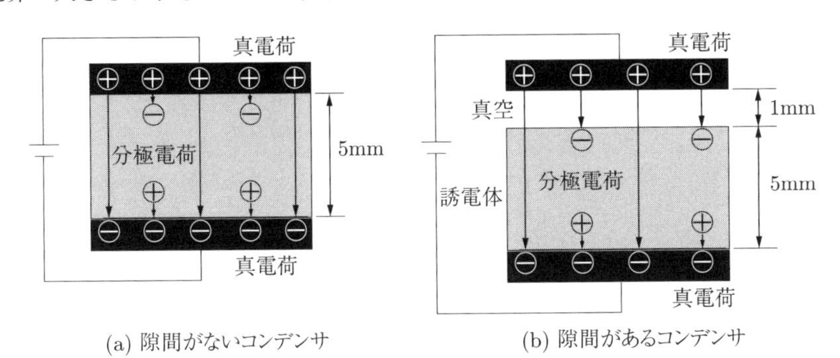

(a) 隙間がないコンデンサ　　(b) 隙間があるコンデンサ

図 4.3　平行平板コンデンサ

図 4.3(b) のコンデンサの全体の容量や電界の分布を変えずに、**図 4.4** のような変換をしていこう。図 4.4(a) が初めの状態である。ここに誘電体の上部に極めて薄い導体板を挿入すると、図 4.4(b) のようになる。重要なことは、薄い導体板の上面と下面に極性が異なるが同じ電荷量の電荷が帯電し、図 4.4(a) と (b) との間では電気力線に変化はないということである。したがって、真空部分と誘電体部分の電界分布はまったく同じで、電位分布もまったく同じである。さらに、薄い導体板に帯電している電荷は板の表面だけであるので、板の内部を導線で置き換えた形の図 4.4(c) にしても、各導体および各媒質での電荷分布、電気力線および電位分布はまったく変化しない。これは 2 つのコンデンサ（容量 C_1, C_2）を直列接続した構造になっており、2 つのコンデンサの極板に充電されている電荷量は同じであることに注意のこと。(2) では、この電荷を Q [C] として問題を解いていこう。

【解答】　(1) 図 4.3(a) の場合の隙間がない場合のコンデンサの容量 C' は

$$C' = \frac{5\varepsilon_0 S}{5\times 10^{-3}\,\mathrm{m}} \tag{1}$$

となる。ただし、$S\,[\mathrm{m}^2]$ は極板の面積である。一方、隙間がある場合は図 4.4(c) に示す 2 つのコンデンサ（容量 C_1, C_2）の直列接続で表現できるので、隙間があるときのコンデンサ全体の容量を C'' とすると、C'' は

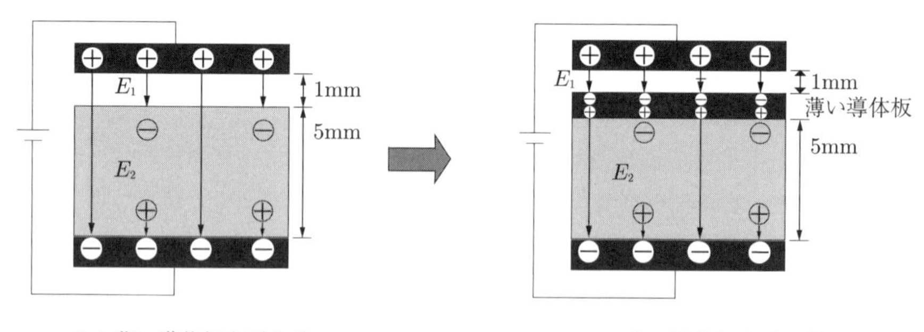

(a) 薄い導体板を挿入前

(b) 薄い導体板を挿入後

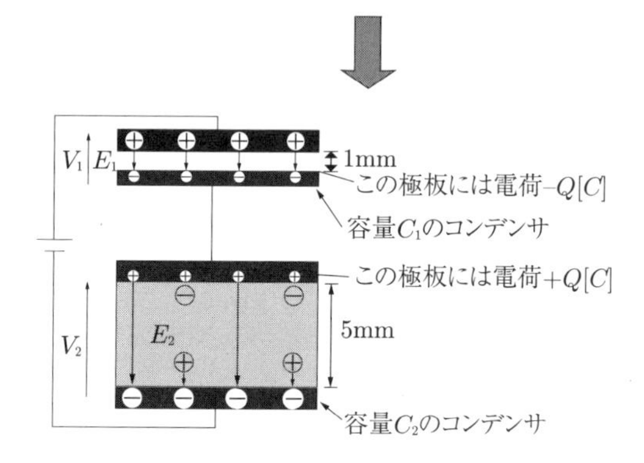

(c) 薄い導体板の上部と下部を2つのコンデンサに分離したもの

図 4.4　容量・電気力線は不変のままでコンデンサの構造を変化させた様子

$$\frac{1}{C''} = \frac{1}{C_1} + \frac{1}{C_2} \tag{2}$$

を満たす。コンデンサの直列接続の際の合成容量は式 (3.19) を参照のこと。容量 C_1, C_2 は式 (4.3) より

$$C_1 = \frac{\varepsilon_0 S}{1 \times 10^{-3}\,\mathrm{m}}, \quad C_2 = \frac{5\varepsilon_0 S}{5 \times 10^{-3}\,\mathrm{m}} \tag{3}$$

となるので、これらを式 (2) に代入すると

$$C'' = \frac{5\varepsilon_0 S}{5 \times 1 \times 10^{-3} + 5 \times 10^{-3}} \tag{4}$$

となる。C' と C'' の比をとると、式 (1) と (4) より

$$\frac{C''}{C'} = \frac{5}{5+5} = 0.5 \tag{5}$$

(2) 図4.4(a)の隙間があるコンデンサでの真空中の電界を E_1、誘電体中の電界を E_2 とする。これら2つの電界はそれぞれ図4.4(c)の2つのコンデンサの極板間の電界に等しい。図4.4(c)の2つのコンデンサに充電されている電荷は等しく、この電荷を Q [C] とする。また、図4.4(c)の2つのコンデンサの極板間の電位差をそれぞれ V_1、V_2 とする。このとき、上のコンデンサ（容量 C_1）に充電されている電荷 Q ＝下のコンデンサ（容量 C_2）に充電されている電荷 Q が成立するので、これと式(3.4)より

$$C_1 V_1 = C_2 V_2$$

$$\therefore \ V_2 = \frac{C_1}{C_2} V_1 = \frac{\frac{\varepsilon_0 S}{1\times 10^{-3}}}{\frac{5\varepsilon_0 S}{5\times 10^{-3}}} V_1 = \frac{5}{5} V_1 \tag{6}$$

電界 E_1 と E_2 との比をとると

$$E_1 : E_2 = \frac{V_1}{1\times 10^{-3}\,\mathrm{m}} : \frac{V_2}{5\times 10^{-3}\,\mathrm{m}} \tag{7}$$

$$= \frac{V_1}{1\times 10^{-3}\,\mathrm{m}} : \frac{\frac{5}{5} V_1}{5\times 10^{-3}\,\mathrm{m}} = 5 : 1$$

ただし、上記の式変形の際、式(6)を用いた。一般に、電位の定義より、コンデンサの極板間が均質な媒質であれば誘電体が存在していても、極板間の電位差 V＝極板間の電界の大きさ E × 極板間距離 d が成立することも注意のこと。

【例題 4.3】 図 **4.5**(a)のように、極板の間隔 d [m] の平行平板コンデンサに V [V] の電圧を加え、誘電率 ε [F/m]、厚さ d の誘電体を半分の面積まで挿入した。

(1) 誘電体の中の電界を計算せよ。

(2) 誘電体に接触している極板の電荷密度 σ [C/m^2] を計算せよ。

(3) 誘電体を挿入する前に比較して、静電容量は何倍になったかを計算せよ。

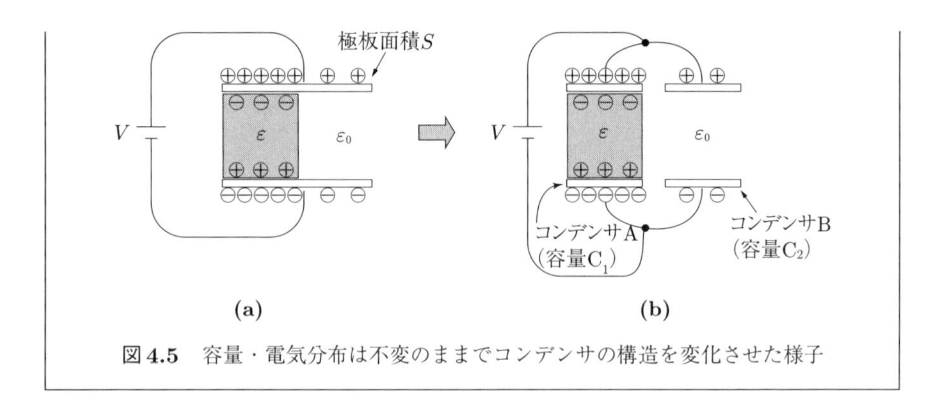

図 4.5　容量・電気分布は不変のままでコンデンサの構造を変化させた様子

【解答】　誘電体を挿入すると、図 4.5(a) のようになる。これを図 4.5(b) のように分割しても、極板上の電荷、電界には何も影響しない。

(1) コンデンサ A にかかる電圧は V、極板間隔は d なので、誘電体中での電界は

$$E = \frac{V}{d} \tag{1}$$

となる。コンデンサ B でも極板間に上式と同じ電界が発生していることに注意。

(2) コンデンサ A の静電容量 C_1 は

$$C_1 = \frac{\varepsilon S/2}{d} \tag{2}$$

である。ただし、分割前の極板の面積を S [m^2] とした。コンデンサ A の極板に充電される電荷量 Q_1 と極板間の電圧 V との関係は

$$Q_1 = C_1 V \tag{3}$$

コンデンサ A の極板上の電荷密度は

$$\sigma = \frac{Q_1}{S/2} = \frac{\varepsilon V}{d}$$

となる。ただし、式変形で式 (2) と式 (3) を用いた。

(3) 誘電体挿入前の静電容量は

$$C_0 = \frac{\varepsilon_0 S}{d}$$

誘電体挿入後の静電容量 C_t は、コンデンサ A と B が並列接続されたときの合成の静電容量に等しいので、C_t は

$$C_t = C_1 + C_2 = \frac{\varepsilon S}{2d} + \frac{\varepsilon_0 S}{2d}$$

となる。求める量は

$$\frac{C_t}{C_0} = \frac{\varepsilon + \varepsilon_0}{2\varepsilon_0}$$

4.3　電束密度

誘電体を含む空間中の導体へ電荷を与えるとき、この電荷から発生する電界を求めることを考えよう。誘電体がないときに比べ、誘電体があると、真電荷と分極電荷の2種類があることになる。誘電体上の分極電荷は電界に影響を与えるが、どれくらい分極電荷が発生するかは周囲の電界の大きさに依存する。一方、真電荷については、外部から与えることが多いので、電荷量がわかることが多い。このため、分極電荷の影響を考えずに、真電荷だけで電界を求めることができると便利である。ここでは、電界とは一定の関係をもちながら、真電荷のみによって決まる量を考えよう。

前章で、極板間に誘電体があるときに極板間に電圧をかけると、真電荷だけでなく、分極電荷が発生することを学んだ。誘電体の電界への影響は、分極電荷によって電気力線が吸収・発生されることだった。本節では、分極電荷に吸収されない、あるいは分極電荷から発生しない**電束**を導入する。これにより、誘電体がある場合でも、単純に問題を解くことができるようになる。電気力線と電束との関係を**表 4.1** にまとめる。

いま、真電荷 1 C 当たり 1 本発生し、−1 C の真電荷で 1 本吸収すること以外は電気力線と同じ性質をもつ電束を定義する。電束は分極電荷によって発生・吸収はしない。電気力線から電界を定義できるように、電束に対し電束密度 $\boldsymbol{D}$ [C/m^2] が定義できる。電束密度の大きさは 1 m^2 の面を垂直に貫く電束の本数を表し、電束密度の向きは電束の向きに等しい。いま、誘電体を挿入する前と後では極板間の電圧は電圧源で一定にされているコンデンサを考える。極板の面積は S である。誘電体挿入後の電界と電束を**図 4.6** に示す。誘電体を挿入した後にコンデンサの極板から発生する電束は

$$S\boldsymbol{D} = S\varepsilon_0\boldsymbol{E} + S\boldsymbol{P} \tag{4.4}$$

と表せる。ただし、$\varepsilon_0\boldsymbol{E}$ の大きさは誘電体挿入前の極板上の単位面積当たりの電

表 4.1　電気力線と電束

電気力線	電束
・正電荷で発生し、負電荷に吸収される。ただし、電荷とは真電荷、分極電荷の両方のこと。	・正の真電荷で発生し、負の真電荷で吸収される。ただし、分極電荷は関係ない。
・電荷 Q [C] で電気力線が $\frac{Q}{\varepsilon}$ 本発生。 ・$-Q$ [C] で電気力線を $\frac{Q}{\varepsilon}$ 本吸収。ただし、ε は媒質の誘電率。	・真電荷 $+Q$ [C] から電束が Q 本発生する。 ・真電荷 $-Q$ [C] で 電束が Q 本吸収される。
・1 m^2 の面に直交して貫く電気力線の本数は、電界 E [V/m] の大きさに等しい。 ・電気力線の向きは E の向きに等しい。	・1 m^2 の面に直交して貫く電束の本数は、電束密度 D [C/m^2] の大きさに等しい。 ・電束の向きは D の向きに等しい。
ガウスの定理: 閉曲面面積 × 電界 = 閉曲面内側の電荷量/ ε	ガウスの定理: 閉曲面面積 × 電束密度 = 閉曲面内側の真電荷量

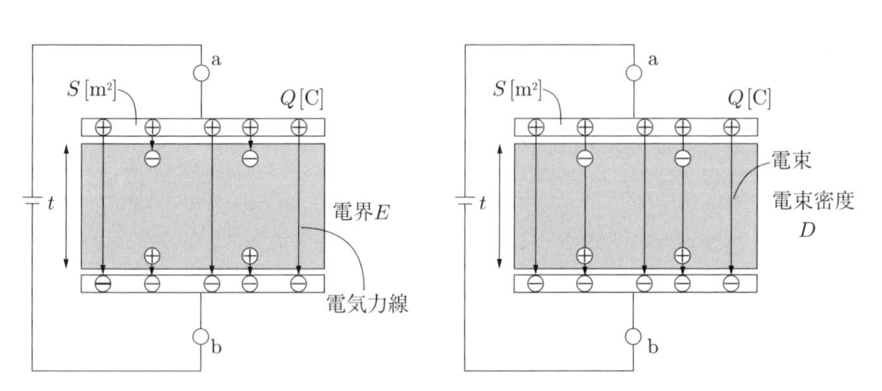

図 4.6　電気力線と電束

荷量であり、ガウスの定理で求められる。$\boldsymbol{P}$ [C/m^2] は**分極**と定義し、この大きさは誘電体を挿入することで極板上に増加した単位面積当たりの真電荷量に等しい。

誘電体の挿入前と後では極板間の電界 $\boldsymbol{E}$ は変化しないことに注意。分極は、誘電体挿入後と誘電体挿入前の単位面積当たりの真電荷量の差で与えられ

$$\boldsymbol{P} = \varepsilon_0 \varepsilon_r \boldsymbol{E} - \varepsilon_0 \boldsymbol{E} = \varepsilon_0(\varepsilon_r - 1)\boldsymbol{E} \tag{4.5}$$

と表せる。ただし、ε_r は誘電体の比誘電率である。式 (4.4) と式 (4.5) より、電束密度は

$$\boldsymbol{D} = \varepsilon_r \varepsilon_0 \boldsymbol{E} = \varepsilon \boldsymbol{E} \tag{4.6}$$

と表せる。ただし、ε は誘電体の誘電率である。

【例題 4.4】　面積 S [m^2]、極板間距離が t [m] の平行平板コンデンサがある。極板間を誘電率 ε [F/m] の誘電体で満たした。極板間の電界は E [V/m] であるとき、コンデンサに充電されている電荷量 Q [C] を計算せよ。

【解答】　電束密度の大きさ を D とすると、極板間の断面を垂直に貫通する電束は DS である。この電束を発生しているのは極板上の真電荷 Q であり、これから発生する電束は Q である。以上より

$$Q = DS = \varepsilon ES$$

である。上式の変形で、式 (4.6) の電束と電界の関係式 $D = \varepsilon E$ を用いた。

【例題 4.5】　誘電率 ε の均質な媒質中に半径 a [m] の導体球がある。これに電荷 Q [C] を与えたとき、導体球の中心から r [m]$(> a)$ 離れた点における電界 E [V/m] を計算せよ（**図 4.7**）。

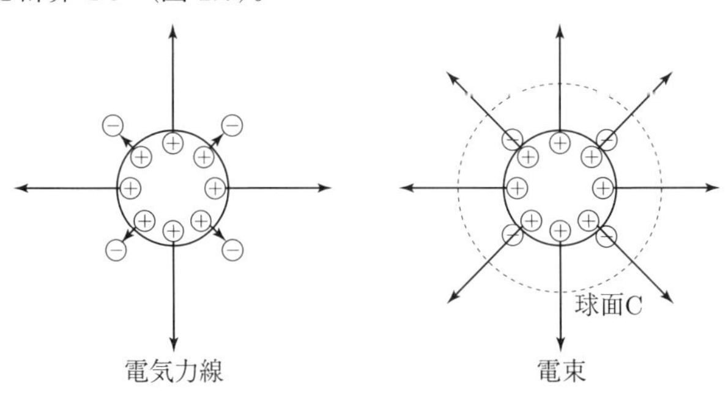

図 4.7　誘電体中で帯電した導体球

(考え方) 電束に関するガウスの定理を用いる。

【解答】 図 4.7 の左図のように、電気力線は導体球付近の誘電体中に発生した分極電荷によって吸収される。一方、電束は、図 4.7 の右図のように、分極電荷に吸収されない。この図で、導体球の中心と同じ位置に中心をもつ球面 C を考える。C を内から外方向へ貫通する電束は $D \cdot 4\pi r^2$ である。ただし、D は C 上の電束密度の大きさである。一方、この電束を発生させているのは導体球の表面上の真電荷 Q であり、これから発生する電束は Q となる。以上より、ガウスの定理より

$$D \cdot 4\pi r^2 = Q \qquad \therefore\ D = \frac{Q}{4\pi r^2}$$

上式と式 (4.6) の電束と電界の関係式 $D = \varepsilon E$ より

$$E = \frac{D}{\varepsilon} = \frac{Q}{4\pi\varepsilon r^2}$$

【例題 4.6】 **図 4.8** に示すような同心導体球の間の半分を誘電率が ε_1 [F/m] の誘電体 A、残りの半分を誘電率が ε_2 [F/m] の誘電体 B が満たしている。ただし、$\varepsilon_2 < \varepsilon_1$ である。内側および外側の導体球にそれぞれ電荷 $+Q$ および $-Q$ [C] を与えたところ、誘電体 A と接する内球の表面に電荷 $+Q_1$、誘電体 B と接する内球の表面に電荷 $+Q_2$ が帯電した。内球の半径は a、外球の内側表面の半径は b とする。

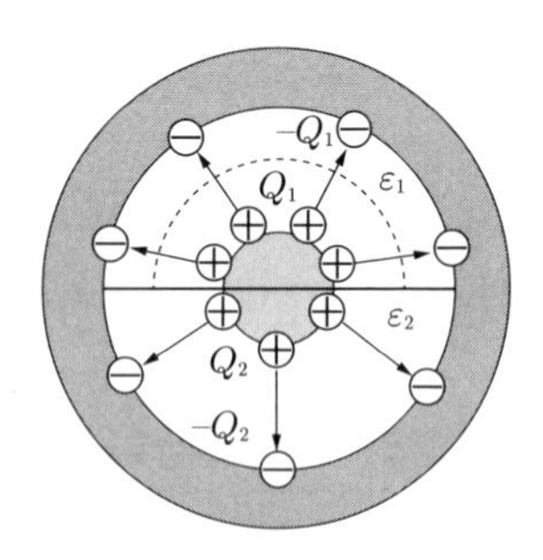

図 4.8　半分だけ誘電体で満たされた同心導体球

(1)　電荷 Q、Q_1 および Q_2 の関係を式で表せ。

(2)　誘電体 A において、球の中心からの距離が r [m] のところの電束密度 D_1 を求めよ。

(3)　誘電体 B において、球の中心からの距離が r [m] のところの電束密度 D_2 を求めよ。

(4)　球の中心からの距離が r [m] のところの電界 E を Q と r を用いて表せ。

(5)　内球と誘電体 A 間の接触面における分極電荷の密度 σ_P [C/m^2] を求めよ。

(6)　導体球間の静電容量 C を計算せよ。

【解答】 (1)　$Q_1 + Q_2 = Q$ (1)

(2)　図 4.8 中の破線 のように、半径が r の半球を閉曲面として設定する。電束は半球の曲面を直交して貫通する。対称性から、曲面上で電束密度の大きさ D_1 は一定である。この半球内部には真電荷 Q_1 [C] があるので、電束に関するガウスの定理より

$$\frac{4\pi r^2}{2} \cdot D_1 = Q_1 \quad \therefore D_1 = \frac{Q_1}{2\pi r^2} \tag{2}$$

(3)　(2) と同様にして

$$D_2 = \frac{Q_2}{2\pi r^2} \tag{3}$$

(4)　内球と外球間の電位差は媒質の誘電率によらず一定である。したがって、誘電体中の電界の大きさも球の中心からの距離が等しければ、誘電率の大きさによらず、一定の値となる。式 (1)〜式 (3)、電界と電束密度の関係 $D_1 = \varepsilon_1 E$、$D_2 = \varepsilon_2 E$ より、Q_1, Q_2, D_1 および D_2 を消去すると

$$E = \frac{Q}{2\pi r^2(\varepsilon_1 + \varepsilon_2)} \tag{4}$$

(5)　式 (4.5) に示す、$r = a$ における分極電荷の密度と電界との関係により

$$\sigma_P = (\varepsilon_1 - \varepsilon_0)E = \frac{(\varepsilon_1 - \varepsilon_0)Q}{2\pi a^2(\varepsilon_1 + \varepsilon_2)} \tag{5}$$

(6)　一様でない電界と電位との関係式 (2.17) より、$r = b$ を基準にしたときの $r = a$ の電位は

$$V = -\int_b^a E dr = \int_a^b \frac{Q}{2\pi r^2(\varepsilon_1 + \varepsilon_2)} dr = \frac{Q}{2\pi(\varepsilon_1 + \varepsilon_2)}(\frac{1}{a} - \frac{1}{b}) \tag{6}$$

となる。式 (3.4) より

$$C = \frac{Q}{V} = \frac{2\pi(\varepsilon_1 + \varepsilon_2)}{\frac{1}{a} - \frac{1}{b}} \tag{7}$$

練習問題 4

問 1　極板間隔が 1 cm の平行平板空気コンデンサがある。このコンデンサの静電容量を C_0 [F] とするとき、この極板間に厚さ 4 mm の誘電体板を極板と平行に挿入して極板間隔を 1.2 cm に広げると、静電容量がやはり C_0 になった。この誘電体板の比誘電率を求めよ。

問 2　**図 4.9** のような平行平板コンデンサの極板間に、比誘電率 ε_s の誘電体が置かれている。この極板間に電圧 V [V] を加えたとき、誘電体および残りの空気中での電界の大きさを求めよ。ただし、空気の誘電率は ε_0 とする。

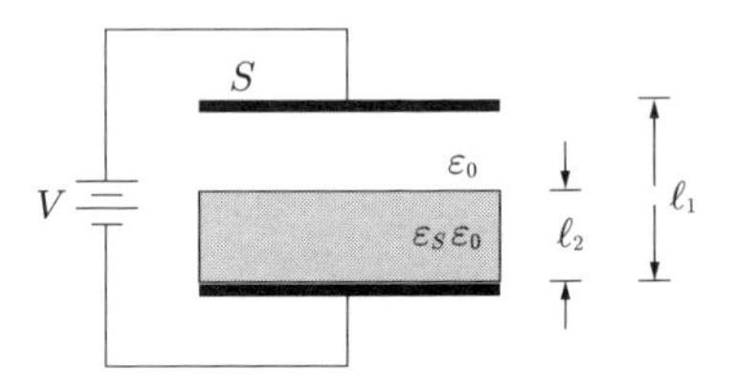

図 4.9　半分だけ誘電体で満たされた平行平板コンデンサ

問 3　**図 4.10** のような極板間隔が d [m] で極板面積が S [m^2] の平行平板コンデンサがある。極板間の左半分と右半分にそれぞれ誘電率 ε_1、ε_2 [F/m] の誘電体を挿入し、両極板にそれぞれ $\pm Q$ [C] の電荷を与えたとき、それぞれの誘電体内の電束密度の大きさを求めよ。

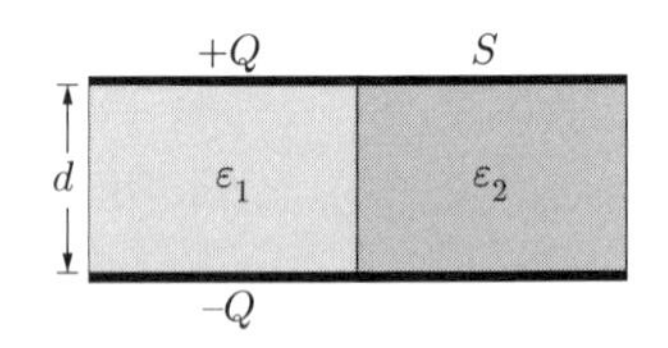

図 4.10　異なる誘電体で満たされた平行平板コンデンサ

問 4　極板間隔が d [m]、極板面積が S [m^2] の平行平板コンデンサがある。つぎの (1) と (2) の各場合において、極板間に蓄えられる静電エネルギーと、極板に対して単位面積当たりに働く力を求めよ。ただし、極板間の誘電率は ε_0 とする。

(1)　各極板に $\pm Q$ [C] の電荷を与えたとき。

(2)　電源から一定の電圧 V [V] を極板間に加えたとき。

第5章　磁性体と磁界

5.1　磁極と磁界

電気的な力を表現するために電荷を導入したように、磁石によって発生する力を定量的に表現するため磁極を定義する。実験によって観察される磁気的な力を磁極で表現できるように、磁極は以下の性質をもつと決める。

(1) 磁極の性質

1. 磁極には正（N極、+）と負（S極、−）とがある。
2. 正と負との間には引力、正と正、負と負との間には反発力が発生する。
3. 磁極の単位は、ウェーバー [Wb]。
4. 磁極のクーロンの法則が成り立つ。

(2) 磁極のクーロンの法則

距離 r [m] 離れた点状の磁極 m_1 [Wb] と磁極 m_2 [Wb] との間には力 $\boldsymbol{F}$ が発生し、m_1 に生じる力 $\boldsymbol{F}$ は

$$\boldsymbol{F} = \frac{1}{4\pi\mu_0} \cdot \frac{m_1 m_2}{r^2}\boldsymbol{r} \quad [\mathrm{N}] \tag{5.1}$$

である。ここで、$\boldsymbol{r}$ は磁極 m_2 から m_1 の方向を向く単位ベクトルである。磁石を正の磁極 m [Wb] と負の磁極 $-m$ が棒で接続されたモデルで表現すると、実験で得られる磁気的な力を定量的に表現することができることがわかっている。電荷は単独で存在することがあるが、磁極の場合は同じ大きさであるが符号が異なる2つの磁極が必ず組となって存在する。これが電気の場合との決定的な相違点である。

(3) 磁界の定義

電荷によって電界が発生することを仮定したように、磁極によって磁界が発生することが考えられる。最初、点状の磁極 $+m$ [Wb] がある。つぎに、ここから距

離 r [m] 離れたところに磁極 m' [Wb] を置く。磁極のクーロンの法則により、m' には力

$$\boldsymbol{F} = \frac{1}{4\pi\mu_0} \cdot \frac{mm'}{r^2} \cdot \boldsymbol{r} \tag{5.2}$$

が生じる。$\boldsymbol{r}$ は m から m' 方向を向く単位ベクトルである。いま、$+m$ によって発生する、m' の位置の磁界 $\boldsymbol{H}$ を、単位磁極当たりに生じる力で与えると考えて

$$\boldsymbol{H} = \frac{\boldsymbol{F}}{m'} = \frac{1}{4\pi\mu_0} \cdot \frac{m}{r^2} \cdot \boldsymbol{r} \quad [\mathrm{A/m}] \tag{5.3}$$

と定義しよう。磁界 $\boldsymbol{H}$ の方向は磁極 m から遠ざかる方向を向いている。

(4) 磁力線の定義

電気では、電界の定義の後、電気力線を定義した。同様にして、磁界を視覚的に表現する磁力線が定義できる。磁力線は以下の条件を満たすものとする。

① 磁力線は向きをもち、矢印で表す。磁力線の接線方向が磁界の向きを表す。
② 磁力線は正の磁極に始まり、負の磁極に終わる。
③ 磁力線は交わらない。
④ 磁力線の間隔は磁界の大きさを表す。
⑤ 真空中の磁極 1Wb 当たり、磁力線は $\frac{1}{\mu_0}$ 本発生する。

【例題 5.1】 長さ l [m]、磁極の大きさが m_1 [Wb] と m_2 [Wb] の棒磁石 2 個が、**図 5.1** のように、直線上に中心間の距離 d [m] で置かれている。棒磁石の間に働く力の大きさと向きを計算せよ。

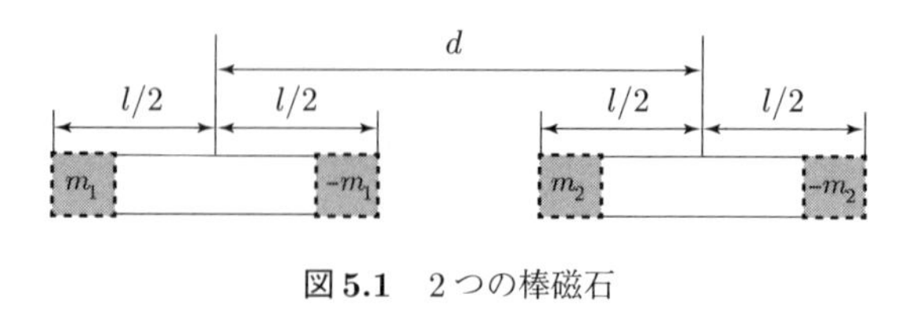

図 5.1　2 つの棒磁石

(考え方)　①　磁石を磁極を用いたモデルに置き換え、クーロンの法則を適用

② 重ね合わせの理を用いる

③ 同じ磁石内の磁極間に生じる力は考える必要はない。

【解答】 重ね合わせの理より左側の磁石が受ける力は

$$\boldsymbol{F} = (\boldsymbol{f}_{m_1,-m_2} + \boldsymbol{f}_{m_1,m_2}) + (\boldsymbol{f}_{-m_1,m_2} + \boldsymbol{f}_{-m_1,-m_2}) \tag{5.4}$$

と表せる。ただし、たとえば、磁極 m_1 が $-m_2$ から受ける力は $\boldsymbol{f}_{m_1,-m_2}$ と表している。クーロンの法則を用いて、磁極に発生する力を表すと

$$\boldsymbol{f}_{m_1,-m_2} = \frac{1}{4\pi\mu_0} \cdot \frac{m_1(-m_2)}{(d+l)^2}\boldsymbol{r} \tag{5.5}$$

$$\boldsymbol{f}_{m_1,m_2} = \frac{1}{4\pi\mu_0} \cdot \frac{m_1 m_2}{d^2}\boldsymbol{r} \tag{5.6}$$

$$\boldsymbol{f}_{-m_1,m_2} = \frac{1}{4\pi\mu_0} \cdot \frac{-m_1 m_2}{(d-l)^2}\boldsymbol{r} \tag{5.7}$$

$$\boldsymbol{f}_{-m_1,-m_2} = \frac{1}{4\pi\mu_0} \cdot \frac{(-m_1)(-m_2)}{d^2}\boldsymbol{r} \tag{5.8}$$

となる。ただし、$\boldsymbol{r}$ は右から左方向を向く単位ベクトルである。式 (5.5)～式 (5.8) を式 (5.4) に代入すると

$$\begin{aligned}
\boldsymbol{F} &= \frac{1}{4\pi\mu_0}\left\{\frac{-m_1 m_2}{(d+l)^2} + \frac{2m_1 m_2}{d^2} + \frac{-m_1 m_2}{(d-l)^2}\right\}\boldsymbol{r} \\
&= -\frac{m_1 m_2}{4\pi\mu_0}\left\{\frac{1}{(d+l)^2} - \frac{2}{d^2} + \frac{1}{(d-l)^2}\right\}\boldsymbol{r} \\
&= -\frac{m_1 m_2}{2\pi\mu_0} \cdot \frac{l^2(3d^2 - l^2)}{(d+l)^2(d-l)^2 d^2}\boldsymbol{r}
\end{aligned} \tag{5.9}$$

$l < d$ なので $0 < 3d^2 - l^2$ に注意すると、$\boldsymbol{F}$ の向きは左から右方向であることがわかる。

【例題 5.2】 **図 5.2** のように、長さ l [m]、磁極の大きさが m [Wb] の棒磁石がある。

(1) この棒磁石の垂直2等分線上の点Pでの磁界の向きと大きさを計算せよ。

(2) 点Pに磁極 m_1 [Wb] を置いたとき、この磁極に生じる力の向きと大きさを求めよ。

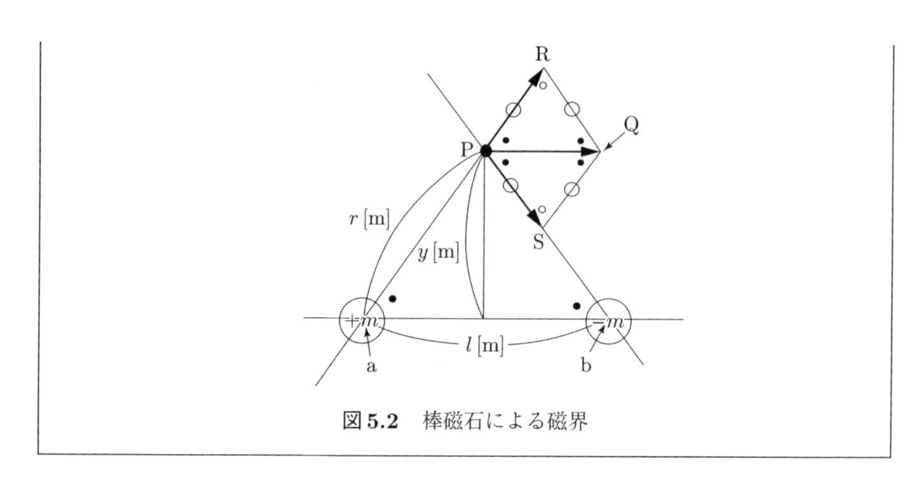

図 5.2　棒磁石による磁界

（考え方） ①　棒磁石を点磁極で表せ。

②　複数の磁極によって作られる磁界は1つひとつの磁極が作る磁界のベクトル和である（重ね合わせの理）。

【解答】　解答中で、たとえば点aから点P方向を向く単位ベクトルは$\boldsymbol{r}_{\mathrm{aP}}$と表記する。

(1) 磁極$+m$が点Pに作る磁界$\boldsymbol{H}_{+m}$は

$$\boldsymbol{H}_{+m} = \frac{1}{4\pi\mu_0} \times \frac{+m}{r^2}\boldsymbol{r}_{\mathrm{aP}} \tag{1}$$

磁極$-m$が点Pに作る磁界$\boldsymbol{H}_{-m}$は

$$\boldsymbol{H}_{-m} = \frac{1}{4\pi\mu_0} \times \frac{-m}{r^2}\boldsymbol{r}_{\mathrm{bP}} \tag{2}$$

$-m < 0$のため、磁界$\boldsymbol{H}_{-m}$の向きは点Pから点b方向である。

磁極$+m$と$-m$の両方によって点Pに作られる磁界は$\boldsymbol{H}_{+m}$と$\boldsymbol{H}_{-m}$の和である。$\overline{\mathrm{PR}}(= |\boldsymbol{H}_{+m}|)$と$\overline{\mathrm{PS}}(= |\boldsymbol{H}_{-m}|)$を一辺とする平行四辺形を作るとRPSQとなり、$\boldsymbol{H}_{+m}$と$\boldsymbol{H}_{-m}$の和は$\overline{\mathrm{PQ}}\boldsymbol{r}_{\mathrm{PQ}}$となることがわかる。$\triangle$Pabと$\triangle$RPQは相似であるので、$r : l = \overline{\mathrm{PR}} : \overline{\mathrm{PQ}}$が成立する。これを用いて、点Pに作られる磁界$\boldsymbol{H}$は

$$\begin{aligned}\boldsymbol{H} &= \frac{l}{r}\,|\boldsymbol{H}_{+m}|\,\boldsymbol{r}_{\mathrm{PQ}} = \frac{l}{r} \cdot \frac{1}{4\pi\mu_0} \cdot \frac{m}{r^2}\boldsymbol{r}_{\mathrm{PQ}} \\ &= \frac{1}{4\pi\mu_0} \cdot \frac{ml}{(y^2 + (\frac{l}{2})^2)^{\frac{3}{2}}}\boldsymbol{r}_{\mathrm{PQ}} \end{aligned} \tag{3}$$

ただし、前式の変形で、三平方の定理 $r=\sqrt{y^2+(\frac{l}{2})^2}$ を用いた。

(2) 求める力は

$$\boldsymbol{F}=m_1\boldsymbol{H}=\frac{1}{4\pi\mu_0}\cdot\frac{m_1 ml}{(y^2+(\frac{l}{2})^2)^{\frac{3}{2}}}\boldsymbol{r}_{\mathrm{PQ}} \tag{4}$$

であり、力の向きは磁極 $+m$ から $-m$ の方向である。

5.2　磁気モーメント

磁極の大きさが m [Wb] で長さが l の棒磁石から十分に離れた点における磁界を考えよう。**図 5.3** のように、2 つの磁極の中点に原点をとり、観測点 P の位置を (r,θ) で表す。$r \gg l$ となるとき

- 磁界の r 方向成分は

$$H_r=\frac{ml}{2\pi\mu_0 r^3}\cos\theta \tag{5.10}$$

- θ 方向成分は

$$H_\theta=\frac{ml}{4\pi\mu_0 r^3}\sin\theta \tag{5.11}$$

で与えられる。前式をみると、棒磁石の長さ l は、磁極の大きさ m が異なる棒磁石であっても積 ml が等しければ点 P での磁界は等しいということがわかる。こ

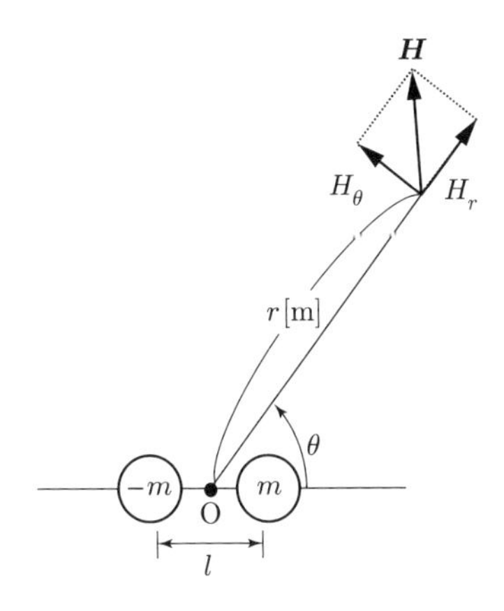

図 5.3　棒磁石から十分離れた位置の磁界

れは棒磁石の磁気的な能力を表すのに、ml を用いるのが妥当であることを示している。

■ 磁気モーメントの定義：

棒磁石を距離 ℓ [m] 離れた2つの磁極 ($+m$ [Wb], $-m$ [Wb]) で表すとき、これの磁気的な性質を表す磁気モーメントを次式で定義する。

$$\boldsymbol{M} = ml\boldsymbol{n} \quad [\mathrm{Wb \cdot m}]$$

ただし、$\boldsymbol{n}$ はS極からN極を向く単位ベクトルである。

【例題 5.3】 図 **5.4** のように、磁極の大きさが m [Wb] であり、長さが l の棒磁石を磁界 $\boldsymbol{H}(|\boldsymbol{H}| = H)$ に対し角度 ϕ で置いた。棒磁石に働くトルク（力のモーメント）を計算せよ。

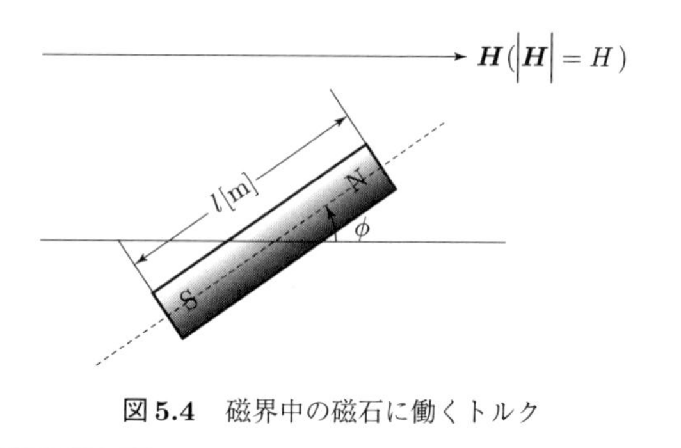

図 5.4　磁界中の磁石に働くトルク

【解答】 図 **5.5** のように、原点 O を設定する。磁極 $+m$ [Wb] に発生する力 $\boldsymbol{F}_{+m}$ は

$$\boldsymbol{F}_{+m} = m\boldsymbol{H} \tag{1}$$

である。磁極 $+m$ の位置ベクトルを $\boldsymbol{r}_{+m}$ とすると、磁極 $+m$ によって棒磁石に発生するトルクは

$$\boldsymbol{r}_{+m} \times \boldsymbol{F}_{+m} = |\boldsymbol{r}_{+m}|\,|\boldsymbol{F}_{+m}| \sin\phi\boldsymbol{n} = \frac{l}{2} mH \sin\phi\boldsymbol{n} \tag{2}$$

ただし、$\boldsymbol{n}$ 紙面手前から奥方向を向く単位ベクトルである。磁極 $-m$ によって発生するトルクは

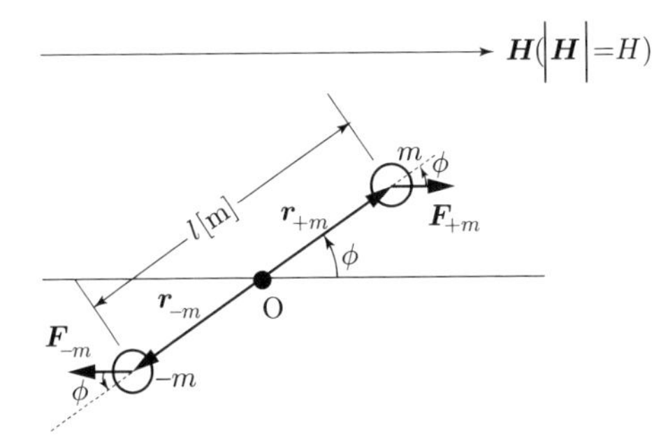

図 5.5　磁界中にある正と負の磁極

$$\boldsymbol{r}_{-m} \times \boldsymbol{F}_{-m} = |\boldsymbol{r}_{-m}|\,|\boldsymbol{F}_{-m}| \sin\phi \boldsymbol{n} = \frac{l}{2} mH \sin\phi \boldsymbol{n} \tag{3}$$

式 (2)、式 (3) より棒磁石全体に発生するトルクは

$$\boldsymbol{r}_{+m} \times \boldsymbol{F}_{+m} + \boldsymbol{r}_{-m} \times \boldsymbol{F}_{-m} = mlH \sin\phi \boldsymbol{n} = \boldsymbol{M} \times \boldsymbol{H} \tag{4}$$

で与えられる。ただし、$\boldsymbol{M}$ は棒磁石の磁気モーメントである。

練習問題 5

問1　磁極の大きさが m_1 [Wb] と m_2 [Wb] の2本の棒磁石が逆向きで平行に置かれている。ともに長さは l [m] である。m_1 の棒磁石に働く力を計算せよ。

(考え方)　棒磁石は正と負の2つの磁極でモデル化する。まず、一方の棒磁石中の1つの磁極に着目し、残りの棒磁石の2つの磁極から受ける力をクーロンの法則を用いて計算する。この際、同じ棒磁石中にある2つの磁極間の力は考える必要はない。棒磁石間の引力を正とすると、1つの磁極に生じる力は

$$-\frac{d}{\sqrt{l^2+d^2}}\cdot\frac{m_1m_2}{4\pi\mu_0(\sqrt{l^2+d^2})^2}+\frac{m_1m_2}{4\pi\mu_0d^2}$$

1つの棒磁石には正と負の2つの磁極があるので、上式を2倍したものが、棒磁石に生じる力である。

問2　r 軸方向へ磁界 $\boldsymbol{H}=-r\boldsymbol{r}$ [A/m]（$\boldsymbol{r}$ は r 方向を向く単位ベクトル）が発生している。$+r$ 方向へ棒磁石（長さ: l [m]、磁極の大きさ：m [Wb] ）の正極方向を向けて置いた。棒磁石が受ける力を計算せよ。

第6章　電流と磁界

6.1　右ねじの法則

直流電流の周りに磁針（コンパス）を置くと、磁針の向きから磁界の向きがわかる。磁界の強さも調べることで、電流の周りに発生している磁力線を**図6.1**のように描くことができる。これを見てわかるとおり、電流と磁界の向きの関係は右ねじの関係にあり、右ねじ、右手などで覚えることができる。たとえば、ボトルのフタの回転方向が磁界の向きに対応し、フタが進む向きが、電流が流れる向きに対応している（**図6.2**）。

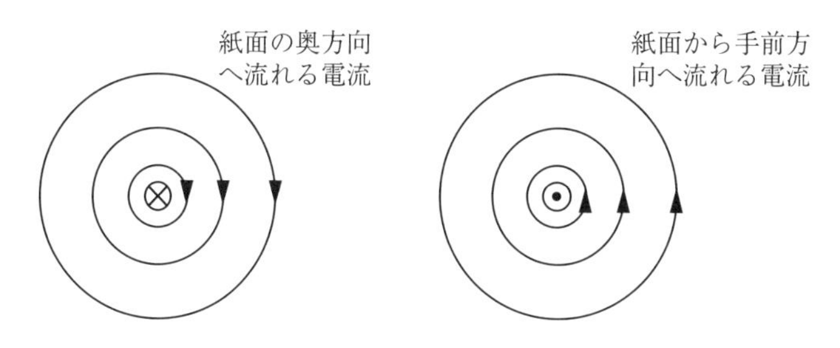

図6.1　電流周囲の磁界の磁力線

6.2　アンペアの周回積分の法則

ある向きをもつループ l が存在する。l に沿って磁界を線積分した値は l に鎖交する電流の和 $\sum_{i=1}^{\infty} I_i$ に等しい。すなわち

$$\oint_l \boldsymbol{H}(\boldsymbol{r}) \cdot d\boldsymbol{r} = \sum_{i=1}^{\infty} I_i \tag{6.1}$$

である。ただし、l の向きに右ねじを回したときに、右ねじが進む方向を電流の向きの正の向きとする。l に鎖交する電流の数え方は、**図6.3**のようになる。

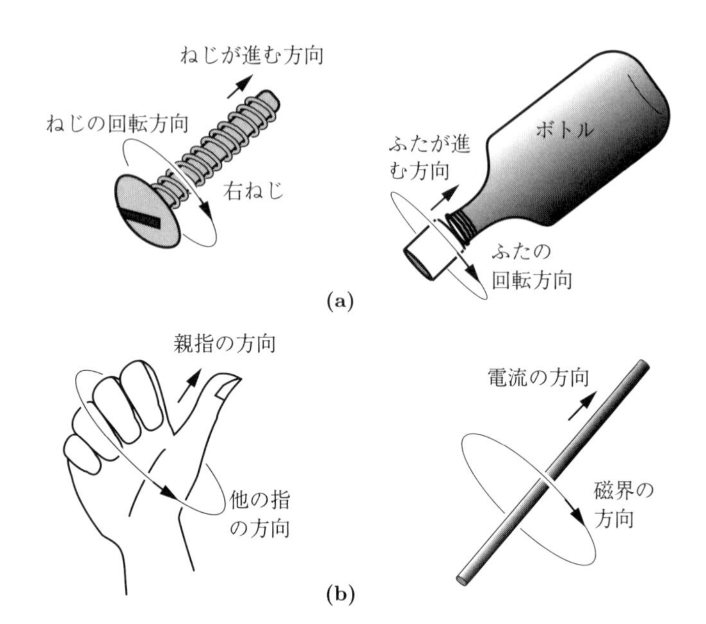

図 6.2　電流と磁界の向きの関係

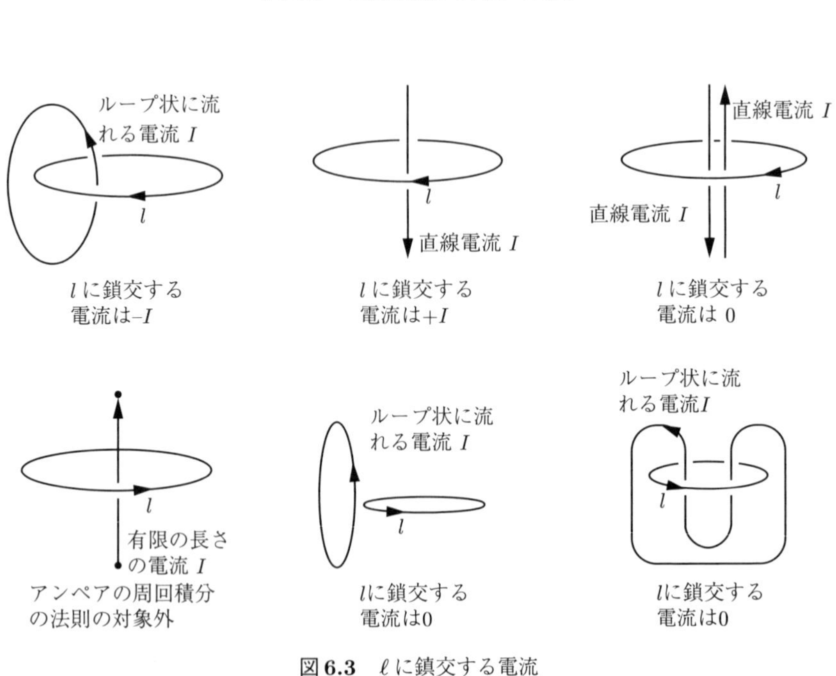

図 6.3　ℓ に鎖交する電流

■ **線積分：** 磁界 $\boldsymbol{H}(\boldsymbol{r})$ の経路 l：$\boldsymbol{r}(t)(a \leqq t \leqq b)$ に沿う線積分は

$$\int_l \boldsymbol{H}(\boldsymbol{r}(\boldsymbol{t})) \cdot d\boldsymbol{r} = \int_a^b \boldsymbol{H}(\boldsymbol{r}(t)) \cdot \frac{d\boldsymbol{r}(t)}{dt} dt \tag{6.2}$$

で定義される。

【例】 $\boldsymbol{H}(\boldsymbol{r}(t)) = 2\boldsymbol{x}_0$、経路 l：$\boldsymbol{r}(t) = \boldsymbol{x}_1 + t\boldsymbol{x}_0 (0 \leqq t \leqq 2)$ とする。ただし、$\boldsymbol{x}_0$ は x 軸方向を向く単位ベクトルであり、$\boldsymbol{x}_1 = (1,2)$ である。l に沿う $\boldsymbol{H}$ の線積分は

$$\begin{aligned}\int_l \boldsymbol{H}(\boldsymbol{r}(\boldsymbol{t})) \cdot d\boldsymbol{r} &= \int_0^2 2\boldsymbol{x}_0 \cdot \boldsymbol{x}_0 \, dt = 2\,|\boldsymbol{x}_0|^2 \int_0^2 dt \\ &= 2\,[t]_0^2 = 4\end{aligned} \tag{6.3}$$

となる。l は点 A(1,2) から点 B(3,2) へ直線状に動く経路である。一般に、上記の場合のように、l 上のすべての点で $\boldsymbol{H}$ が l の向き（接線方向）と同じ向きをもち、$\boldsymbol{H}$ の大きさ $|\boldsymbol{H}|$ がつねに一定のとき、線積分の値は

l の長さ $\times \boldsymbol{H}$ の大きさ $|\boldsymbol{H}|$

で与えられる。アンペアの周回積分の法則で問題を手計算で解く際の積分計算はすべてこのような場合である。$\boldsymbol{H}$ が l の向きに対し逆方向を向くときは、上記の値にマイナスをつければよい。

【例題 6.1】 図 **6.4** のように、無限に長い直線電流 I [A] から距離 r [m] のところの磁界をアンペアの周回積分の法則を用いて計算せよ。

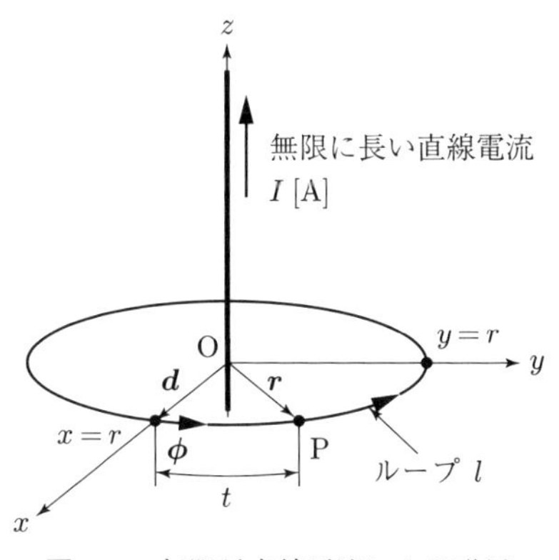

図 **6.4** 無限長直線電流による磁界

【解答】　図6.4のように、z軸上に直線電流I [A] が上方向へ流れている。ループlとして、$x-y$平面上に原点を中心にした半径r [m] の円をとるものとする。z軸の周方向を向く単位ベクトルを$\boldsymbol{\phi}$とする。ただし、$\boldsymbol{\phi}$の向きに右ねじを回したとき、右ねじが進む向きがz軸の正方向である。ループl上の位置を表す位置ベクトルを$\boldsymbol{r}(t)=\boldsymbol{d}+t\boldsymbol{\phi}(0 \leqq t \leqq 2\pi r)$とする。ただし、$\boldsymbol{d}=(r,0,0)$である。このとき、点P における磁界$\boldsymbol{H}(\boldsymbol{r})$は、右ねじの法則から

$$\boldsymbol{H}(\boldsymbol{r})=H(r)\boldsymbol{\phi} \tag{1}$$

と予想できる。ただし、$H(r)(|\boldsymbol{r}(t)|=r)$は磁界の観測点 P における磁界の大きさである。$\boldsymbol{r}(t)$を$t$で微分すると

$$\frac{d}{dt}\boldsymbol{r}(t)=\frac{d}{dt}(\boldsymbol{d}+t\boldsymbol{\phi})=\frac{d}{dt}(\boldsymbol{d})+\frac{d}{dt}(t\boldsymbol{\phi})=\boldsymbol{\phi} \tag{2}$$

となる。磁界$\boldsymbol{H}(\boldsymbol{r})$のループ$l$に沿う線積分は

$$\begin{aligned}\oint_l \boldsymbol{H}(\boldsymbol{r}(t))\cdot d\boldsymbol{r}&=\int_0^{2\pi r}\boldsymbol{H}(\boldsymbol{r}(t))\cdot\frac{d}{dt}\boldsymbol{r}(t)dt=\int_0^{2\pi r}H(r)\boldsymbol{\phi}\cdot\boldsymbol{\phi}dt\\&=H(r)\,|\boldsymbol{\phi}|^2\int_0^{2\pi r}dt=H(r)\,[t]_0^{2\pi r}=2\pi rH(r)\end{aligned} \tag{3}$$

となる。一方、ループlの向きに右ねじを回したときに進む方向へ鎖交する電流は$+I$であるので、アンペアの周回積分の法則、式(6.1)より

$$2\pi rH(r)=I \qquad \therefore H(r)=\frac{I}{2\pi r} \tag{4}$$

上式と式(1)より

$$\boldsymbol{H}(\boldsymbol{r})=\frac{I}{2\pi r}\boldsymbol{\phi} \tag{5}$$

と求まる。

【例題6.2】　図**6.5**のような、半径がaで、1 m 当たりの巻き数がn回の無限に長いソレノイドに電流Iを流したときの磁界を計算したい。円筒座標(ρ,φ,z)を図のように設定し、以下の指示に沿って計算せよ。

(1)　磁界$\boldsymbol{H}(\boldsymbol{r})$を表す式の形を予想せよ。

(2)　ソレノイド内部に積分経路としてループ PQRS を設定して、磁界$\boldsymbol{H}(\boldsymbol{r})$のループ PQRS に沿う周回積分を計算せよ。さらに、ソレノイド内部の

磁界に関してわかることを述べよ。

(3) ソレノイド外部に積分経路としてループ $P'Q'R'S'$ を設定して、アンペアの周回積分の法則を計算せよ。さらに、ソレノイド外部の磁界に関してわかることを述べよ。ただし、ソレノイド外部の十分遠方では、磁界の大きさは 0 になることを用いてよい。

(4) 積分経路をループ ABCD と設定して、アンペアの周回積分の法則を適用し、ソレノイド内部の磁界を求めよ。

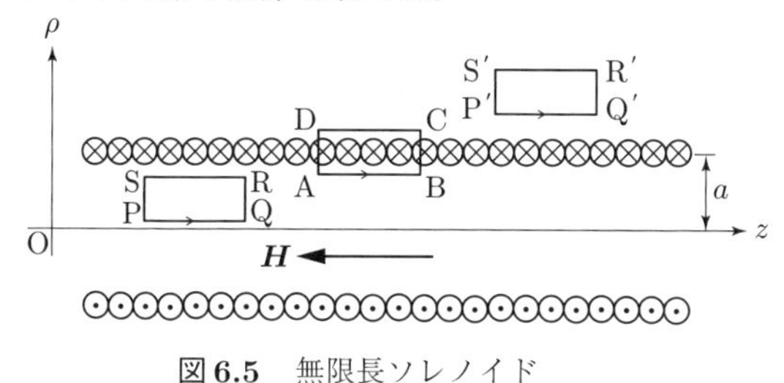

図 6.5　無限長ソレノイド

【解答】 (1) 右ねじの法則と対称性より、磁界の向きは z 軸の負の方向を向き、大きさは z 軸からの距離 ρ [m] に依存するので、磁界 $\boldsymbol{H}$ は

$$\boldsymbol{H}(\boldsymbol{r}) = -H(\rho)\boldsymbol{z} \tag{1}$$

の形をもつと予想できる。ただし、$0 < H(\rho)$ は z 軸からの距離 ρ の位置における磁界の大きさ、$\boldsymbol{z}$ は z 軸方向を向く単位ベクトルである。

(2) ループ PQRS に沿う周回積分は

$$\begin{aligned}\oint_{\mathrm{PQRS}} H(\boldsymbol{r})\cdot d\boldsymbol{r} &= \int_0^{\overline{\mathrm{PQ}}} -H(\rho_{\mathrm{P}})\boldsymbol{z}\cdot\boldsymbol{z}dt + \int_0^{\overline{\mathrm{QR}}} -H(t)\boldsymbol{z}\cdot\boldsymbol{\rho}dt \\ &\quad + \int_0^{\overline{\mathrm{RS}}} -H(\rho_{\mathrm{S}})\boldsymbol{z}\cdot(-\boldsymbol{z})dl + \int_0^{\overline{\mathrm{SP}}} -H(t)\boldsymbol{z}\cdot(-\boldsymbol{\rho})dt \\ &= -H(\rho_{\mathrm{P}})\int_0^{\overline{\mathrm{PQ}}} dt + 0 + H(\rho_{\mathrm{S}})\int_0^{\overline{\mathrm{RS}}} dt + 0 \\ &= -H(\rho_{\mathrm{P}})\overline{\mathrm{PQ}} + H(\rho_{\mathrm{S}})\overline{\mathrm{RS}}\end{aligned} \tag{2}$$

となる。ただし、ρ_{P} および ρ_{S} はそれぞれ点 P および点 S の位置の ρ 座標である。ループ PQRS に鎖交する電流は 0A であるので

$$-H(\rho_{\mathrm{P}})\overline{\mathrm{PQ}} + H(\rho_{\mathrm{S}})\overline{\mathrm{RS}} = 0 \qquad \therefore H(\rho_{\mathrm{P}}) = H(\rho_{\mathrm{S}}) \tag{3}$$

上式の変形で$\overline{\mathrm{PQ}} = \overline{\mathrm{RS}}$を用いた。以上より、ソレノイド内部では磁界の大きさは場所によらず一定であることがわかる。
(3) 式(2)と同様な積分をループP$'$Q$'$R$'$S$'$に沿って行い、P$'$Q$'$R$'$S$'$には電流が鎖交しないことより、ソレノイド外部でも磁界の大きさはρに依存せず一定であることがわかる。すなわち$H(\rho) = H_{\mathrm{OUT}}, (a < \rho)$である（ただし、$H_{\mathrm{OUT}}$は定数)。さらに、$H(\rho) \to 0, (\rho \to +\infty)$であることを考慮すると

$$H(\rho) = 0, \quad (a < \rho) \tag{4}$$

となることがわかる。
(4) ループABCDに沿う周回積分は、式(2)と同様にして

$$\oint_{\mathrm{ABCD}} H(\boldsymbol{r}) \cdot d\boldsymbol{r} = -H(\rho)\overline{\mathrm{AB}} \quad (\rho < a) \tag{5}$$

となる。ただし、積分の計算の途中で問(3)の結果を用いた。ループABCDに鎖交する電流は$-nI\overline{\mathrm{AB}}$であるので、アンペアの周回積分の法則より

$$-H(\rho)\overline{\mathrm{AB}} = -nI\overline{\mathrm{AB}} \qquad \therefore H(\rho) = nI, \quad (\rho < a) \tag{6}$$

6.3　ビオ・サバールの法則

電流Iが流れている導線がある。この導線上にある点で、導線の接線方向を向き、大きさが微小なベクトル$d\boldsymbol{s}$を定義する。このとき、電流素片$Id\boldsymbol{s}$によってできる磁界は

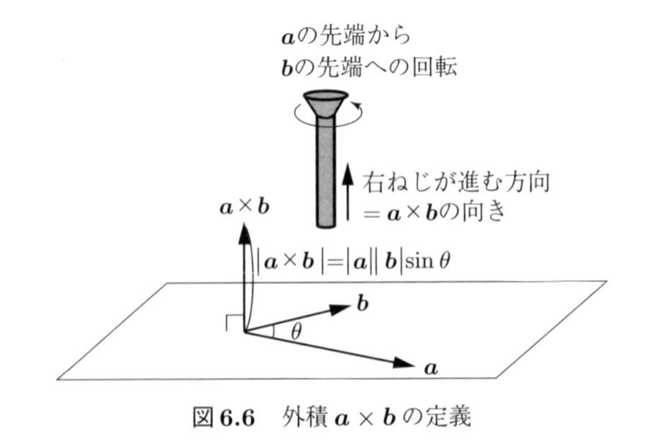

図6.6　外積$\boldsymbol{a} \times \boldsymbol{b}$の定義

$$dH = \frac{I ds \times r}{4\pi r^3} \quad [\mathrm{A/m}] \tag{6.4}$$

と表すことができる。ただし、$\boldsymbol{r}$ は電流素片の位置を基準にしたときの磁界の観測位置を示す位置ベクトルであり、$r = |\boldsymbol{r}|$ である。演算 $\times$ は外積を表し、$\boldsymbol{a} \times \boldsymbol{b}$ の演算結果はベクトルとなり、**図 6.6** のようになる。

【例題 6.3】　半径 a [m] の円形コイルに電流 I [A] を流したときのコイルの中心の磁界を計算しよう。

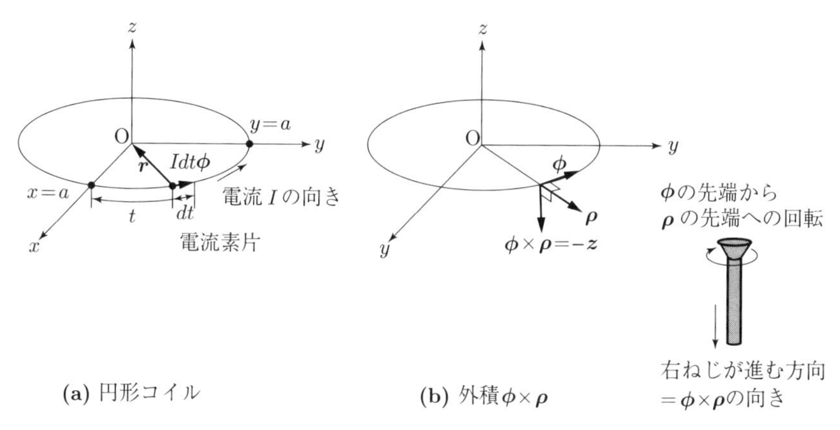

(a) 円形コイル　　**(b)** 外積 $\boldsymbol{\phi} \times \boldsymbol{\rho}$

図 6.7　円形コイルによる磁界

図 6.7(a) のように、原点を中心にして、$x-y$ 平面上で半径 a [m] の円状導線に流れる電流 I [A] を考える。この電流によって原点にできる磁界を計算することにする。いま

$\boldsymbol{\rho}$: つねに z 軸から離れる方向を向く単位ベクトル。

$\boldsymbol{\phi}$: z 軸の周方向を向く単位ベクトル。ただし、$\boldsymbol{\phi}$ の向きに右ねじを回したとき、右ねじが進む向きが z 軸の正方向。

$\boldsymbol{z}$: z 軸の正方向を向く単位ベクトル

を定義する。電流素片としては、図のように、位置 t に存在する長さ dt のものを考えるとする。つぎの問いに答えよ。

(1)　電流素片の位置を基準にしたとき、原点の位置を表す位置ベクトル $\boldsymbol{r}$ を $\boldsymbol{\rho}$ を用いて示せ。

(2) 電流素片の電流を$\boldsymbol{\phi}$を用いて示せ。

(3) 電流素片によって、原点にできる磁界$d\boldsymbol{H}$を$\boldsymbol{z}$を用いて表せ。

(4) (3)で求めた$d\boldsymbol{H}$をtに関して0から$2\pi a$まで積分することで、円形電流全体によって原点にできる磁界を計算せよ。

【解答】 (1) $\boldsymbol{r} = -a\boldsymbol{\rho}$ (1)

(2) $Idt\boldsymbol{\phi}$ (2)

(3) ビオ・サバールの法則より

$$\begin{aligned} d\boldsymbol{H} &= \frac{(Idt\boldsymbol{\phi}) \times (-a\boldsymbol{\rho})}{4\pi a^3} = -\frac{I}{4\pi a^3}\boldsymbol{\phi} \times \boldsymbol{\rho} dt \\ &= \frac{I}{4\pi a^2}\boldsymbol{z} dt \end{aligned} \tag{3}$$

となる。ただし、$\boldsymbol{\phi} \times \boldsymbol{\rho}$は図6.7(b)で求める。

(4)

$$\begin{aligned} \boldsymbol{H} &= \oint_C d\boldsymbol{H} = \int_0^{2\pi a} \frac{I}{4\pi a^2}\boldsymbol{z} dt = \frac{I}{4\pi a^2}\boldsymbol{z} \int_0^{2\pi a} dt \\ &= \frac{I}{4\pi a^2}\boldsymbol{z} \cdot 2\pi a = \frac{I}{2a}\boldsymbol{z} \end{aligned} \tag{4}$$

6.4　有限直線電流による磁界

【例題6.4】 図**6.8**のように、x軸上で$x = -l_2$から$x = +l_1$までの区間で有限直線電流I [A]が流れている。ビオ・サバールの法則で図の点Pにおける磁界$\boldsymbol{H}$を求めたい。電流素片はx軸上の座標xの位置にある。x軸の正方向、y軸の正方向およびz軸の正方向を向く単位ベクトルをそれぞれ$\boldsymbol{x}$、$\boldsymbol{y}$および$\boldsymbol{z}$とする。また、電流素片の位置を始点とし、点Pを終点とするベクトルを$\boldsymbol{r}$とする。

(1) 電流素片をI、dxおよび$\boldsymbol{x}$を用いて表せ。

(2) $\boldsymbol{x} \times \boldsymbol{r}$を$r, \theta$および$\boldsymbol{z}$を用いて表せ。

(3) 電流素片によって点Pにできる磁界$d\boldsymbol{H}$をI、r、θ、dxおよび$\boldsymbol{z}$を用いて表せ。

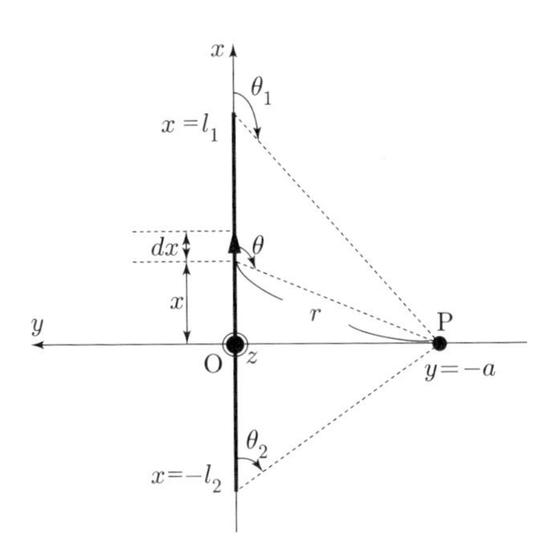

図 6.8　有限長直線電流による磁界

(4)　有限直線電流全体によってできる磁界 $\boldsymbol{H}$ を積分記号、$l_1, l_2, I, r, \theta, dx$ および $\boldsymbol{z}$ を用いて表せ。

(5)　積分変数を x から θ に変更したうえで、(4) で導出した積分を計算せよ。計算途中で $dx = \frac{a}{\sin^2\theta}d\theta$, $\frac{1}{r^2} = (\frac{\sin\theta}{a})^2$ であることを用いてよい。

【解答】　(1) x 軸上で x の正方向に流れる電流素片は

$$I dx \boldsymbol{x} \tag{1}$$

で表せる。

(2) $\boldsymbol{x} \times \boldsymbol{r} = |\boldsymbol{x}|\,|\boldsymbol{r}|\sin\theta \cdot (-\boldsymbol{z}) = -r\sin\theta\boldsymbol{z}$。ただし、$r = |\boldsymbol{r}|$ である。

(3) ビオ・サバールの法則より

$$\begin{aligned} d\boldsymbol{H} &= \frac{I dx \boldsymbol{x} \times \boldsymbol{r}}{4\pi r^3} = -\frac{I dx(-r\sin\theta \cdot \boldsymbol{z})}{4\pi r^3} \\ &= -\frac{I}{4\pi r^2}\sin\theta \cdot dx\boldsymbol{z} \end{aligned} \tag{2}$$

(4) 電流素片の位置を $x = -l_2$ から $x = +l_1$ まで変化させながら、観測点 P にできる磁界を積分すると

$$\boldsymbol{H} = \int_{x=-l_2\text{から } l_1\text{まで}} d\boldsymbol{H} = \int_{-l_2}^{l_1} -\frac{I}{4\pi r^2}\sin\theta \cdot \boldsymbol{z} dx \tag{3}$$

(5) 式 (3) で積分変数を x から θ に変換すると

x	$-l_2 \to l_1$
θ	$\theta_2 \to \theta_1$

であるので、積分は

$$\begin{aligned}
\boldsymbol{H} &= -\int_{\theta_2}^{\theta_1} \frac{I}{4\pi}\cdot\frac{\sin^2\theta}{a^2}\sin\theta\cdot\boldsymbol{z}\cdot\frac{a}{\sin^2\theta}d\theta \\
&= -\frac{I}{4\pi a}\boldsymbol{z}\int_{\theta_2}^{\theta_1}\sin\theta d\theta \\
&= -\frac{I}{4\pi a}\left\{-\cos\theta_1-(-\cos\theta_2)\right\}\boldsymbol{z} \\
&= -\frac{I}{4\pi a}\left\{\cos(\pi-\theta_1)+\cos\theta_2\right\}\boldsymbol{z} \\
&= -\frac{I}{4\pi a}\left\{\frac{l_1}{\sqrt{l_1^2+a^2}}+\frac{l_2}{\sqrt{l_2^2+a^2}}\right\}\boldsymbol{z} \qquad (4)
\end{aligned}$$

となる。なお、$H \to -\frac{I}{2\pi a}\boldsymbol{z}, (l_1 \to +\infty, l_2 \to +\infty)$ となり、これは無限長直線電流による磁界に等しい。

練習問題 6

問 1　無限に広い導体平板が $x-y$ 平面上にある。$z=+h$ の位置に、x 軸の正方向へ電流 I [A] が流れている。

(1)　z 軸上の座標 $(0,0,z)(0<z<h)$ の位置で観測される磁界を求めよ。

(2)　x–y 平面上の座標 $(0,y,0)$ の位置で観測される磁界を求めよ。

問 2　図 **6.9** のように、z 軸を中心軸にして導体円筒があり、z 軸方向へ電流 I [A] が流れている。z 軸から r [m] の位置における磁界を求めよ。

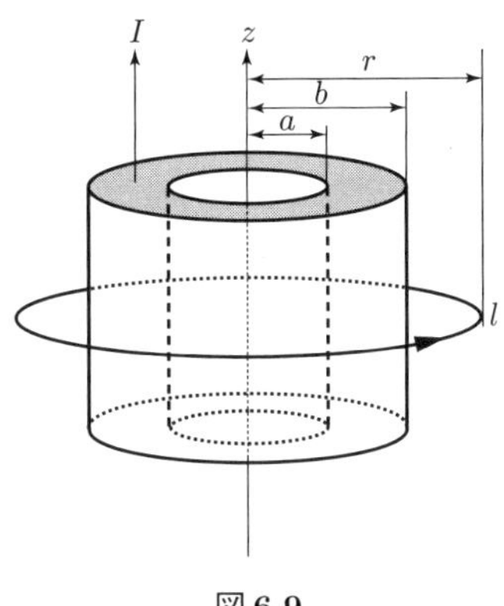

図 **6.9**

問 3　円筒型の磁性体（平均円周長さ l [m]、断面積 S [m^2]）に導線が N 回巻いてある。この導線に I [A] の電流を流したところ、磁性体内に磁束 Φ [Wb] が発生した。この磁性体の比透磁率 μ_r を求めよ。

問 4　有限長ソレノイド（長さ L [m]、直径 D [m]、導線の巻き数 N[回]）がある。導線に電流 I [A] を流すとき、$D \ll L$ の条件のもとでソレノイド中心付近における磁界 H を求めよ。

問 5　図 **6.10** のような x 軸方向へ一様な磁界 H' [A/m]$(0<H')$ がある。この空間に、$x-z$ 平面上に y 軸を中心にして、半径 a [m]、N 回巻きの円形コイルを置き、電流 I [A] を流した。このとき、原点において磁界の向きを測定したところ、$\boldsymbol{x}+\boldsymbol{y}$ 方向であった。ただし、$\boldsymbol{x}$ および $\boldsymbol{y}$ はそれぞれ x 軸および y 軸方向を向く単位ベクトルである。H' を求めよ。

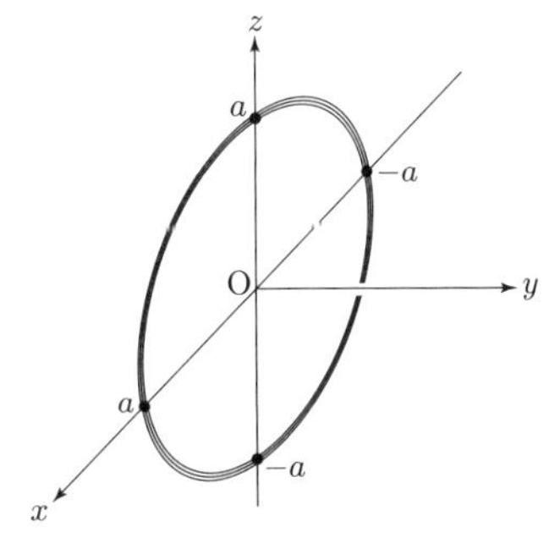

図 **6.10**　磁界中のコイル

問6　z 軸に垂直な厚さ t [m] の無限に広い導体板の中を電流密度 J [A/m^2] で電流が x 軸の負の方向へ流れている。板の中心から距離 z の位置における磁界を計算せよ。

問7

(1)　**図 6.11**(a) のように、長さが a [m] で、2つの有限長電流 I [A] を直角に置いた。点 O の位置における磁界の大きさを式で表せ。

(2)　図 6.11(b) のような正方形のコイルが1回巻きされている。このコイルに電流 I [A] を流したとき、コイルの中心（点 O）における磁界の大きさを式で表せ。

(3)　(2) のコイルを N 回巻きしたとき、点 O における磁界の大きさを式で表せ。

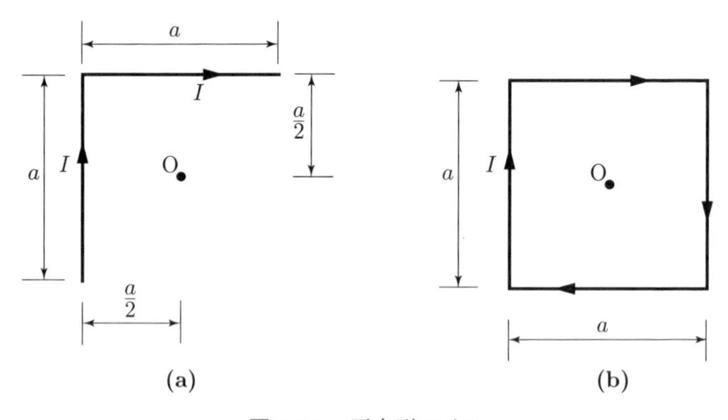

図 6.11　正方形コイル

第７章　電磁力と電磁誘導

7.1　磁界の電流に作用する力

図 7.1 のように、十分に軽い直線状の導線を平行に配置して、同じ方向に電流 I_1、I_2 を流すと２つの導線間には引力が働くことが確認できる。実験によると、この力は電流の大きさに比例し、導線間の距離 a [m] に反比例する、すなわち

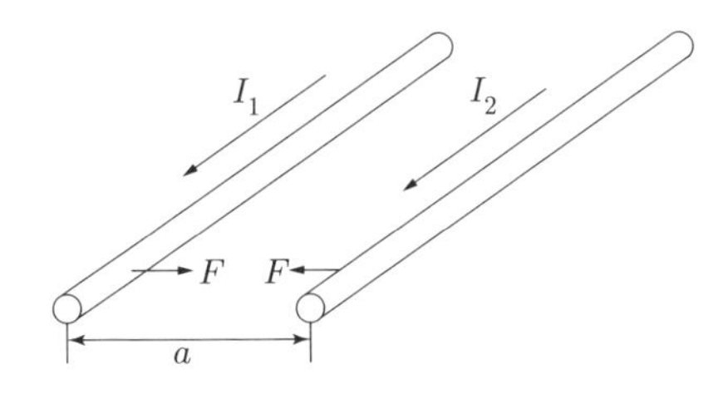

図 7.1　２つの直線電流間に働く力

$$F \propto \frac{I_1 I_2}{a} \tag{7.1}$$

である。この事実はつぎのように解釈できる。電流 I_1 によって電流 I_2 の位置に上方向へ $\boldsymbol{B}$ で表される界が発生し、これに電流 I_2 が直接触れることで I_2 に力が働いたと考える。この力を**電磁力**とよぶことにする。

実験事実によると、長さ l [m] の十分に細い導線に電流 $\boldsymbol{I}$（$|\boldsymbol{I}|$ は電流の大きさ、$\boldsymbol{I}$ の向きは電流の向きに等しい）に $\boldsymbol{B}$ が触れているとき、電磁力 $\boldsymbol{F}$ は

$$\boldsymbol{F} = \boldsymbol{I} \times \boldsymbol{B}\, l \tag{7.2}$$

と表現できる。いま、$\boldsymbol{B}$ を**磁束密度**とよぶことにし、単位は T であり、テスラという。真空中では、$\boldsymbol{B}$ と磁界 $\boldsymbol{H}$ の間に、$\boldsymbol{B} = \mu_0 \boldsymbol{H}$ の関係がある。

【例題 7.1】　**図 7.2** のように、電流 I [A] が長方形型のコイル（横 a [m]、縦 b [m]）に流れている。このコイルが回転軸を磁束密度 $\boldsymbol{B}$ [T]（大きさ B）に対

し垂直に回転している。コイルの面と水平面のなす角度が ϕ であるとき、長さ b の左側および右側の辺が磁界から受ける力はそれぞれ $\boldsymbol{F'}$ [N] および $\boldsymbol{F}$ [N] であった。

いま、コイルに働く回転力（トルク）$\boldsymbol{T}$ [N·m] を計算したい。側面図で位置ベクトル $\boldsymbol{r}$ を、原点Oを始点とし、コイルの先端を終点とするベクトルと定義する。同様にして、$\boldsymbol{r}'(= -\boldsymbol{r})$ を定義する。以下の問いに答えよ。

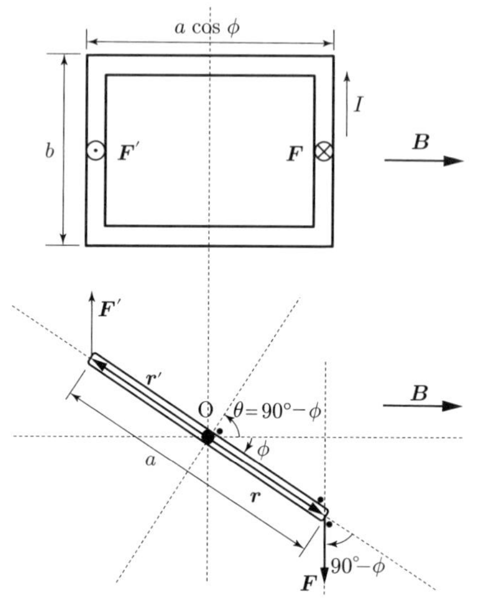

図7.2　磁束密度中のコイル（上が上面図、下が側面図）

(a)　上面図で右辺に作用する電磁力 $\boldsymbol{F}$ の向きと大きさを示せ。

(b)　コイル全体に生じるトルク $\boldsymbol{T}$ を $\boldsymbol{r}$ および $\boldsymbol{F}$ を用いて表し、トルクの向きと大きさを表せ。

(c)　コイルの代わりに、磁気モーメントが $\boldsymbol{M} = \mu_0 IS\boldsymbol{n}$（$\boldsymbol{n}$ は電流が流れる方向へ右ねじを回したときにねじが進む向きの単位ベクトル、S はコイル面積 ab）となる棒磁石を、側面図で中心を原点にし、向きを角度 θ 方向に向けて置く。棒磁石に働くトルクは (b) で求めたものに等しいことを示せ。

【解答】　(a) 電磁力 $\boldsymbol{F}$ は

$$\boldsymbol{F} = \boldsymbol{I} \times \boldsymbol{B}b \tag{1}$$

である。$\boldsymbol{I}$ は上面図で上を向く、大きさ I の電流ベクトルである。$\boldsymbol{I} \times \boldsymbol{B}$ の向きを考えることで、$\boldsymbol{F}$ の向きは側面図で下方向である。その大きさは

$$|\boldsymbol{F}| = |\boldsymbol{I} \times \boldsymbol{B}b| = b\,|\boldsymbol{I}|\,|\boldsymbol{B}|\sin\frac{\pi}{2} = bBI \tag{2}$$

(b) 上面図で、コイルの上の辺と下の辺に流れる電流には、コイル面を伸ばす方向（または縮める方向）へ力が発生し、お互いに打ち消し合う。このため、コイル

全体に発生するトルクは、右辺に発生するトルク $\boldsymbol{r} \times \boldsymbol{F}$ と左辺に発生するトルク $\boldsymbol{r}' \times \boldsymbol{F}'$ の和をとって

$$\boldsymbol{T} = \boldsymbol{r} \times \boldsymbol{F} + \boldsymbol{r}' \times \boldsymbol{F}' = \boldsymbol{r} \times \boldsymbol{F} + (-\boldsymbol{r}) \times (-\boldsymbol{F}) = 2\boldsymbol{r} \times \boldsymbol{F} \tag{3}$$

向きは上面図で上向きである。トルクの大きさは

$$\begin{aligned} |\boldsymbol{T}| &= |\boldsymbol{2r} \times \boldsymbol{F}| = 2\,|\boldsymbol{r}|\,|\boldsymbol{F}| \sin(\frac{\pi}{2} - \phi) = 2 \cdot \frac{a}{2}\,|\boldsymbol{F}| \cos\phi \\ &= abBI\cos\phi = \mu_0 abHI\sin\theta \end{aligned} \tag{4}$$

である。ただし、$\theta = \frac{\pi}{2} - \phi$、$H$ は磁界の大きさであり、$B = \mu_0 H$ である。

(c) 例題 5.3 より、棒磁石に発生するトルクは $\boldsymbol{M} \times \boldsymbol{H}$ である。これは、上面図で上向きであり、大きさは

$$|\boldsymbol{M} \times \boldsymbol{H}| = |\boldsymbol{M}|\,|\boldsymbol{H}| \sin\theta = \mu_0 abHI\sin\theta \tag{5}$$

となるので、これは式 (4) のコイルに働くトルクに等しい。

7.2　磁界中の荷電粒子に作用する力

図 7.3 のように、断面 A を t [s] 間に電荷 Q [C] が通過するとき、導線に流れる電流は、電流の定義より

$$I = \frac{Q}{t} \tag{7.3}$$

である。これは 1m 当たり N 個の荷電粒子（電荷量 $q > 0$）が速度 v で動くことで発生すると考える。このとき、時間 t 間に断面 A を通過する荷電粒子の個数は

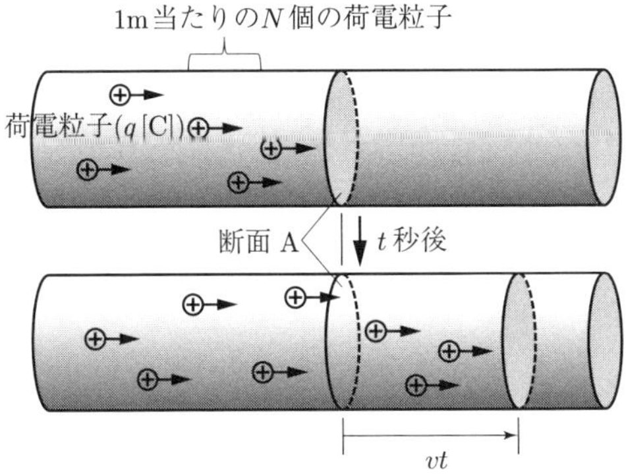

図 7.3　導線中の荷電粒子

vtN であることに注意して、この同じ時間の間に、A を通過する荷電粒子の電荷量は

$$Q = vtNq \tag{7.4}$$

と書ける。上式と式 (7.3) から Q を消去すると

$$I = Nqv \tag{7.5}$$

となる。電流の向きと大きさを表すベクトルを $\boldsymbol{I}$、荷電粒子のベクトルを $\boldsymbol{v}$ として、式 (7.5) の両辺をベクトル化すると

$$\boldsymbol{I} = Nq\boldsymbol{v} \tag{7.6}$$

となる。いま、導線の外部から磁束密度 $\boldsymbol{B}$ をかけると、導線は長さ l 当たりに

$$\boldsymbol{F'} = \boldsymbol{I} \times \boldsymbol{B}l \tag{7.7}$$

の電磁力を受ける。上式と式 (7.6) から $\boldsymbol{I}$ を消去すると

$$\boldsymbol{F'} = (Nq\boldsymbol{v}) \times \boldsymbol{B}l \tag{7.8}$$

となる。荷電粒子 1 個当たりが磁束密度から受ける力 $\boldsymbol{F}$ は、式 (7.8) を導線の長さ l [m] 当たりに存在する荷電粒子の数 Nl で $\boldsymbol{F'}$ を割ることで得られるので

$$\boldsymbol{F} = q\boldsymbol{v} \times \boldsymbol{B} \tag{7.9}$$

と表すことができる。

一般に、電荷量 q [C] の荷電粒子が電界 $\boldsymbol{E}$ と磁束密度 $\boldsymbol{B}$ の両方に直接触れると

$$\boldsymbol{F} = q\boldsymbol{E} + q\boldsymbol{v} \times \boldsymbol{B} \tag{7.10}$$

の力が荷電粒子に働き、これを**ローレンツ力**という。

7.3　電磁誘導

7.3.1　運動する導体に発生する起電力

図 **7.4**(a) のように、磁束密度 $\boldsymbol{B}$ が存在しているなかで、$\boldsymbol{B}$ に直交して長さ l [m] の導体棒が静止している。この状態では、導体棒の中に正と負の荷電粒子が等量、

均等に存在し、導体棒に電気的な偏りはない。図 7.4(b) のように、この棒に外から力を加えて $\boldsymbol{B}$ に直交する方向へ動かす。このとき、荷電粒子は電磁力を受け、正の荷電粒子は上へ、負の荷電粒子は下へ力を受ける。導体棒の端部に達した電荷によって、導体棒内部には上から下へ電界 $\boldsymbol{E}$ が発生する。この後、十分時間が経ち、図 7.4(c) のように導体棒が等速度 $\boldsymbol{v}$ [m/s] で運動する。このとき、導体中の中心付近に存在する荷電粒子は導体棒中で上下方向には動かない。電荷量 q の荷電粒子は電界 $\boldsymbol{E}$ から

$$\boldsymbol{F}_E = q\boldsymbol{E} \tag{7.11}$$

の力を受ける。上式の大きさをとると

$$|\boldsymbol{F}_E| = q\,|\boldsymbol{E}| = qE \tag{7.12}$$

である。ただし、$E = |\boldsymbol{E}|$ である。一方、荷電粒子は磁束密度からも

$$\boldsymbol{F}_H = q\boldsymbol{v} \times \boldsymbol{B} \tag{7.13}$$

の力を受ける。上式の大きさをとると

$$|\boldsymbol{F}_H| = |q\boldsymbol{v} \times \boldsymbol{B}| = q\,|\boldsymbol{v}|\,|\boldsymbol{B}|\sin\frac{\pi}{2} = qvB \tag{7.14}$$

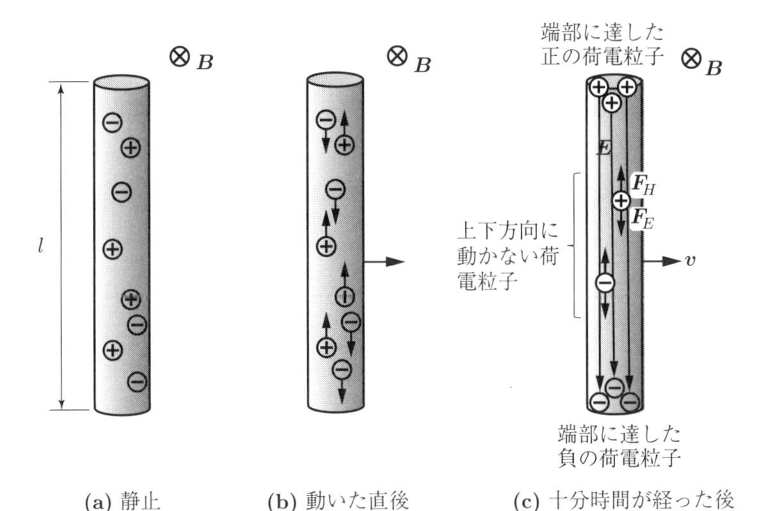

図 7.4　導体棒に発生する起電力の発生

$\boldsymbol{F}_E$ とこれら2つの力はつりあった状態であるので、$|\boldsymbol{F}_E| = |\boldsymbol{F}_H|$ と考えられる。これと式(7.12)と式(7.14)から、$|\boldsymbol{F}_E|$ と $|\boldsymbol{F}_H|$ を消去して

$$E = vB \tag{7.15}$$

が導かれる。上式より、導体棒の下端に対する上端の電圧 V [V] は

$$V = El = vBl \tag{7.16}$$

と表せる。上式は、導体棒に発生する電圧が1 s間に導体棒が切る磁束に等しいことを示す。上式が意味するところは、導体棒の両端があたかも電圧源の端子のようになり、導体棒の両端子に適当な回路を接続した場合には、この回路に電流を流そうとする原動力となる電圧が発生していることを示す。この電圧のことを**起電力**とよぶ。

【例題 7.2】　図 **7.5** のように、導体棒が一端を中心として、半径 r [m] の導線の輪の上を角速度 ω [rad/s] で回転している。このとき、中心軸と導線の輪の間の電圧を計算せよ。電位が高いのは、中心軸と導線の輪のどちらか。

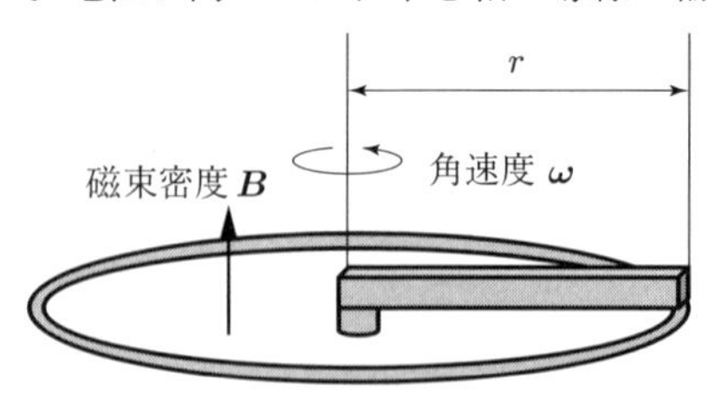

図 7.5　磁束密度中を回転する導体棒

【解答】　導体棒に発生する電圧は、導体棒が1 s間に切る磁束に等しいことを用いる。導体棒の正電荷は 磁束密度から力 $q\boldsymbol{v} \times \boldsymbol{B}$ を受け、導線の輪の方向へ移動するため、導線の輪の側で電位が高くなる。導体棒が時間 t [s] 間に切る面積 S は

$$S = \pi r^2 \cdot \frac{\omega t}{2\pi} \tag{1}$$

となる。導体棒が 1 s 間に切る磁束は導体棒の両端の間に発生する電圧 V [V] に等しい。すなわち、

$$V = \frac{BS}{t} = \frac{B \cdot \pi r^2 \cdot \frac{\omega t}{2\pi}}{t} = \frac{r^2 B\omega}{2} \tag{2}$$

と表せる。

7.3.2　ファラデーの電磁誘導の法則

1831 年に、M. ファラデーは実験によって以下のことを発見した。**図 7.6** のような、電源をスイッチが直列に接続された回路 C′ と検流計 G が接続された回路 C が重なって存在する。このとき**表 7.1** のようなことが観測される。

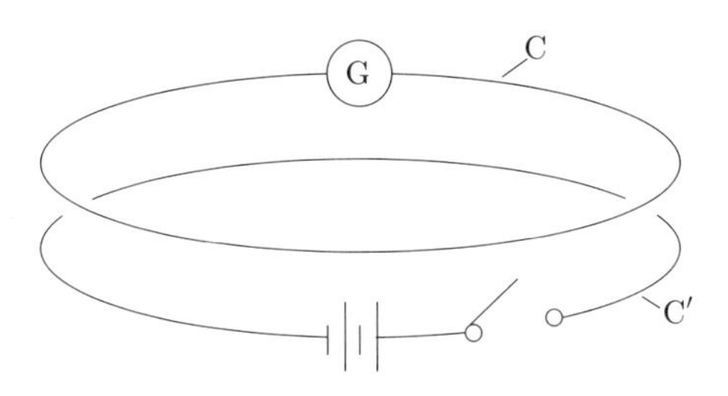

図 7.6　コイルに誘起される起電力

表 7.1　コイル C に発生する起電力

	（原因）		（結果）
(1)	C′ のスイッチを閉じた瞬間	⟶	C に電流が流れることが検流計で観測
(2)	C′ のスイッチを開いた瞬間	⟶	(1) の場合とは逆方向に電流が流れる
(3)	C′ のスイッチを閉じたままで C の位置を動かす	⟶	動かしている間、C に電流が流れる

上記 (3) は前項 7.3.1 で説明可能な現象である。一方、(1) と (2) で発生する起電力は電磁誘導とよぶことができる。レンツの仮説に基づき、C に発生する起電力の向きについて以下のように説明できる。

まず、C′ のスイッチを閉じると、電流 I' が C′ に流れる。この電流は、アンペアの法則によって、C′ に上方向へ磁界 H を発生させる。この磁界 H は C に鎖交する。ここまでは、これまでの知識で説明可能であるが、つぎのようなことが発生すると考える。C には起電力 V が発生し、C にはあたかも電圧源がついている状態となり、C に電流 I が流れる。この電流 I によって発生する磁界は H とは逆方向になる。つまり、C′ によって磁界 H が発生した瞬間にのみ、H の発生を妨げる向きをもつ磁界（下向きの磁界）が発生するように、Cに電流が流れるように起電力が発生する。ここで重要なことは、もしCの回路の途中で導線が断線しておりCに電流が流れる状態でなくても、Cには起電力が発生するということである。なお、スイッチを閉じて、十分に時間が経つと、Cには起電力や電流は流れない。

以上、ファラデーの発見とレンツの仮説を定式化すると、起電力 V は

$$V = \frac{d\Phi}{dt} \quad [\mathrm{V}] \tag{7.17}$$

で与えられる。ただし、Φ [Wb] はCに鎖交する磁束であり

$$\Phi = BS = \mu_0 HS \tag{7.18}$$

である。S [m^2] は C のループ面積である。N 巻きのコイルに磁束 Φ が鎖交するとき、Cに発生する起電力 V は、1巻きのコイルが直列に接続されていると考えて式 (7.17) を N 倍して

$$V = N\frac{d\Phi}{dt} \quad [\mathrm{V}] \tag{7.19}$$

となる。

【例題 7.3】 図 **7.7** のような $N = 500$ 回巻きでループ面積が $2.0\,\mathrm{cm}^2$ のコイルがある。このコイル内の磁束密度 B を図 (b) のように変化させた。端子 b に対する a の電圧 V と時刻 t との関係を計算せよ。

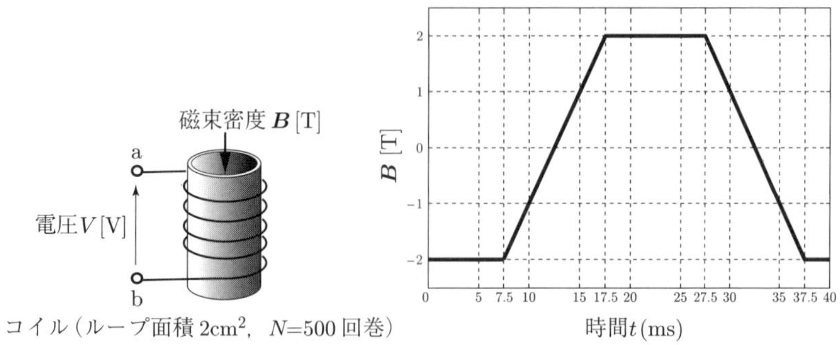

磁束密度 $\boldsymbol{B}$ [T]
a
電圧 V [V]
b
コイル（ループ面積 2cm^2,　N=500 回巻）

(a) コイル

$\boldsymbol{B}$ [T]
2
1
0
−1
−2
0　5　7.5　10　15　17.5　20　25　27.5　30　35　37.5　40
時間 t (ms)

(b) 磁束密度 $\boldsymbol{B}$ の変化

図 7.7　時間変化する磁束密度とコイル

(考え方)　コイルに鎖交する磁束密度と発生する起電力の関係は式 (7.19) を用い

る。図 7.7(b) の縦軸の磁束密度にコイルのループ面積 $S = (2\,\mathrm{cm})^2 = 2 \times 10^{-4}\mathrm{m}^2$ をかけることで、縦軸を磁束に変換でき、$t - \varPhi$ 曲線がつくれる。起電力の向きは以下のように考える。$t - \varPhi$ 曲線の傾きが正であるとき ($t = 7.5\,\mathrm{ms}$〜$17.5\,\mathrm{ms}$)、下向き方向の磁束が増加する。電磁誘導の法則により、磁束の増加を妨げるような電流が発生しうる起電力がコイルに発生する。**図 7.8** のように、もし端子 a を正極にもつ電圧源であるならば、端子 a–b 間に負荷を接続すると、電流 I_2 が図中の向きへ流れる。この電流の向きと同じ方向へコイルに電流が流れると、アンペアの法則より上向きの磁束密度 $\boldsymbol{B}_2$ が発生する。これは下向き方向の磁束の増加を妨げる方向である。したがって、電磁誘導により発生する起電力の向きは上側が正である。$t - \varPhi$ 曲線の傾きが負であるとき ($t = 27.5\,\mathrm{ms}$〜$37.5\,\mathrm{ms}$) は上記の場合と反対に考えて、起電力は下側が正となる。

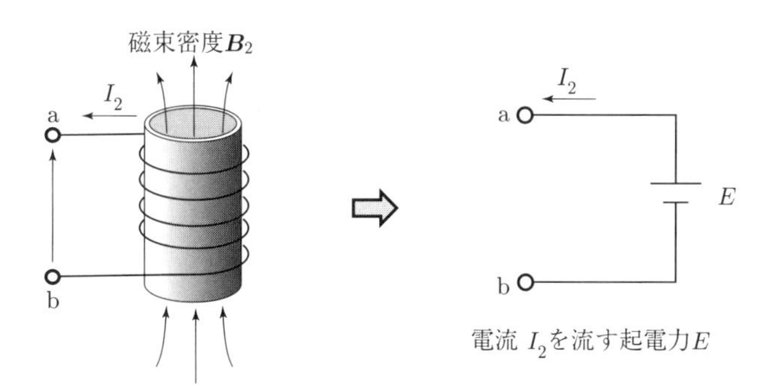

図 7.8 誘導される電流と起電力

【解答】 (1) $t = 0$〜$7.5\,\mathrm{ms}$ のとき

$$V = N\frac{\Delta\varPhi}{\Delta t} = 500 \times \frac{-4 \times 10^{-4} - (-4 \times 10^{-4})}{7.5 \times 10^{-3} - 0} = 0\ \mathrm{V} \tag{1}$$

$t = 17.5$〜$27.5\,\mathrm{ms}$、$t = 27.5$〜$37.5\,\mathrm{ms}$ のときも上記のときと同様に、磁束（磁束密度）が変化しないので、起電力は 0 V である。

(2) $t = 7.5$〜$17.5\,\mathrm{ms}$ のとき

$$V = 500 \times \frac{4 \times 10^{-4} - (-4 \times 10^{-4})}{17.5 \times 10^{-3} - 7.5 \times 10^{-3}} = 40\ \mathrm{V} \tag{2}$$

(3) $t = 27.5$〜$37.5\,\mathrm{ms}$ のとき

$$V = 500 \times \frac{-4 \times 10^{-4} - 4 \times 10^{-4}}{37.5 \times 10^{-3} - 27.5 \times 10^{-3}} = -40\ \mathrm{V} \tag{3}$$

7.4　うず電流

図7.9(a) のように、コイルに鎖交する磁束が変化すると、電磁誘導によって起電力が発生する。これによりコイルには電流が流れる。この電流を**誘導電流**という。図7.9(b) の導体板は、このようなコイルの半径を連続的に変えて重ね合わせたものと考えることができる。したがって、導体板に垂直に磁束を増加させると、電磁誘導によって起電力が発生し、導体板に含まれたコイルには同心円状に電流が流れる。これを**うず電流**とよぶ。

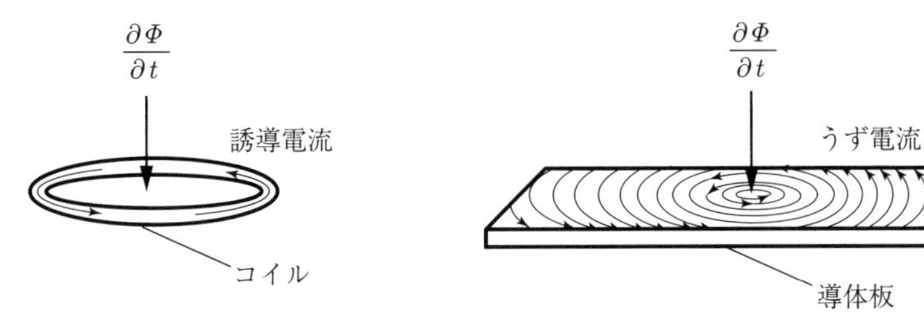

(a) コイルに発生する誘導電流　　**(b)** 導体板に発生するうず電流

図7.9　うず電流

■ **誘導加熱** (IH)：磁束が浸透しやすく、比較的導電性が低い鉄やステンレスで作られたなべなどの調理器具の近くで磁束を発生させることで、調理器具にうず電流を発生させる。この電流が流れることによって、ジュール熱が発生する。この熱を用いて、食物の調理などを行うことができる。

【例題7.4】　**図7.10**のように、厚さ a [m]、抵抗率 ρ [Ω・m] の十分に大きい導体板がある。この導体板へ垂直に磁界（磁束密度 $B = B_m \cos \omega t$）が加えられたとき、導体板に流れる電流の電流密度を求めよ。

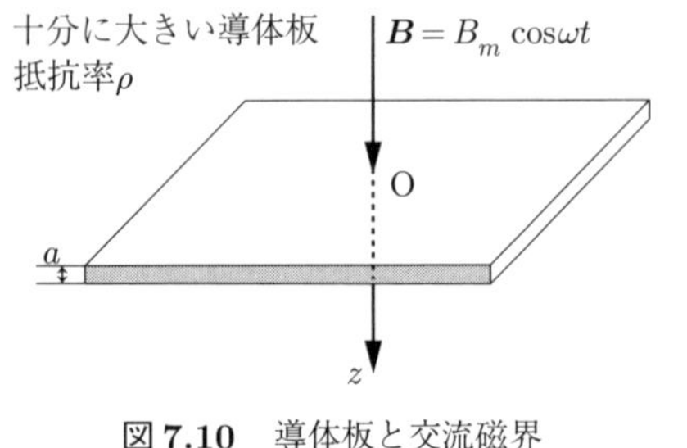

図7.10　導体板と交流磁界

（考え方）　導体板は円形コイルの集合であると考える。

【解答】　導体板から図 **7.11** のようなバームクーヘン形の導体を抜き出してみる。上記の導体に発生する起電力 V は

$$V = \frac{d}{dt}\Phi = \frac{d}{dt}\pi r^2 B = \frac{d}{dt}\pi r^2 B_m \cos\omega t$$
$$= -\pi r^2 B_m \omega \sin\omega t \qquad (1)$$

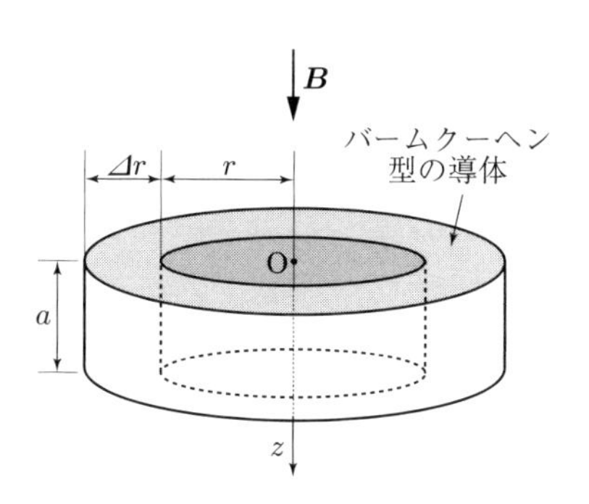

図 **7.11**　バームクーヘン型の導体

この起電力は下向きの磁束の発生を妨げるような磁束を誘起する。すなわち、z 軸方向へ進む右ねじの回転方向とは逆方向へうず電流を流す起電力が発生する。

バームクーヘン形導体の抵抗 R は

$$R = \rho\frac{2\pi r}{a\Delta r} \qquad (2)$$

ただし、上式で 抵抗 = 抵抗率 × 導体長さ/導体断面積 を用いた。上記式 (1) と式 (2) より、バームクーヘン形導体に流れる電流は、オームの法則より

$$I = \frac{V}{R} = -\frac{\pi r^2 B_m \omega \sin\omega t}{\rho\frac{2\pi r}{a\Delta r}} \qquad (3)$$

電流密度 J は

$$J = \frac{I}{a\Delta r} = -\frac{\pi r^2 B_m \omega \sin\omega t}{2\pi r\rho} = -\frac{r B_m \omega \sin\omega t}{2\rho} \qquad (4)$$

である。

7.5　表皮効果

図 **7.12** のように、断面積が大きな導体円柱に周波数が高い交流電流を流すと、導体の中心に近いほど電流は流れにくくなり、電流は導体の表面を流れる。このため、電流を流すために使われる導体は表面近くに限られ、見かけ上、導体の断面積が小さくなり、抵抗が増大する。この現象を電流の**表皮効果**という。

次章の式 (8.3) および (8.4) で示されるように、ある電流の大きさが増大するとき、その電流に鎖交する磁束の大きさに比例して、その電流増加を妨げる起電力が

発生する。もし仮に導体の断面に一様に電流が流れると、導体内部および外部には磁界（磁束）が同心円状に発生する。導体表面に流れる電流に比べ、**図 7.13**(a) のように、中心付近を流れる電流に鎖交する磁束は多いことがわかる。このため中心付近では、電磁誘導によって発生する起電力により交流電流の流れが妨げられる。一方、導体表面近くでは、図 7.13(b) のように、相対的に鎖交する磁束が少ないために、起電力の大きさが小さくなる。以上の結果として、もっとも起電力が小さい導体表面付近に電流が集中する。

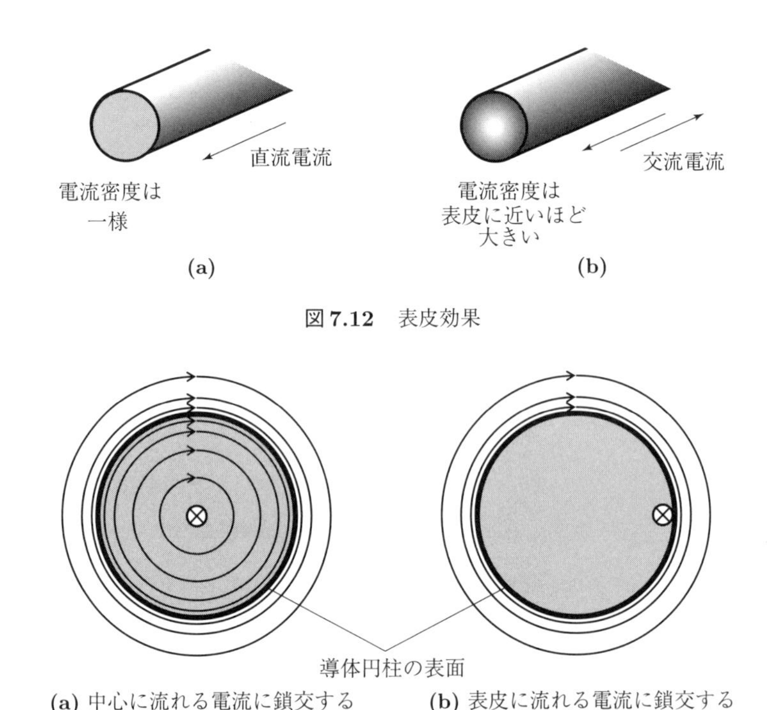

図 7.12　表皮効果

図 7.13　導体円柱に流れる電流とそれに鎖交する磁束

練習問題 7

問 1　半径 a [m]、N 回巻きの円形コイルに電流 I [A] の電流が流れている。このコイルを、**図 7.14** のように無限長ソレノイド（n [巻/m]、電流 I [A]）の中に、中心軸同士のなす角度が θ になるように置くとき、コイルに働くトルクを求めよ。

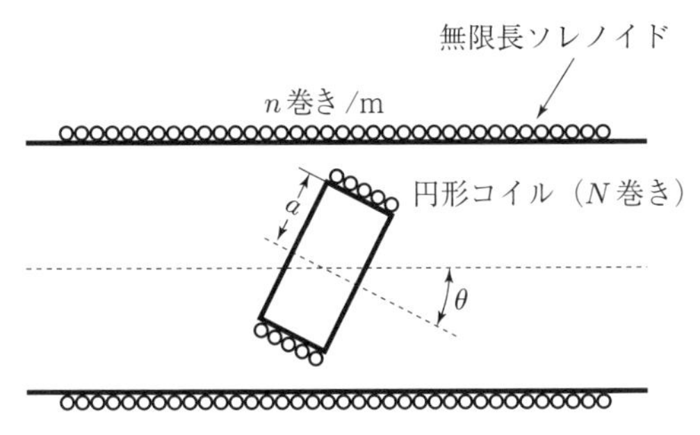

図 7.14　無限長ソレノイド中のコイル

問 2　電流 I が流れる導線上に電流素片 $I d\boldsymbol{s}$ [A · m] を考える。この電流素片の位置を始点として点 A を終点とするベクトルを $\boldsymbol{r}$ とする。いま、点 A に磁極 m を置く（**図 7.15**）。

(1)　磁極 m によって、$d\boldsymbol{s}$ の位置にできる磁界 $\boldsymbol{H}_m$ を求めよ。

(2)　$\boldsymbol{H}_m$ によって導線が受ける力 $\boldsymbol{F}_m$ を求めよ。

(3)　点 A における磁界 $\Delta \boldsymbol{H}$ を求めよ。

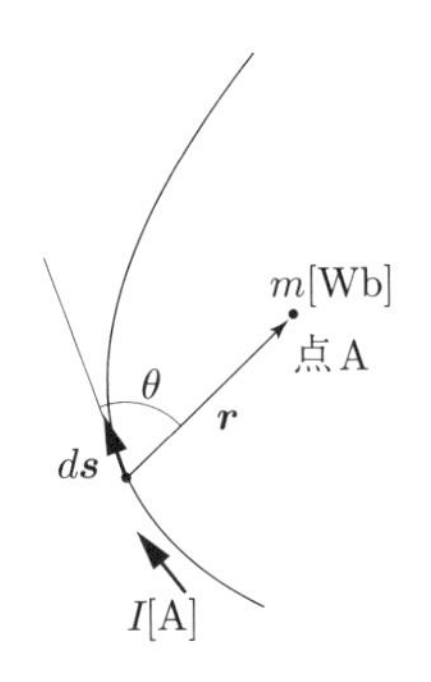

図 7.15　導線上の電流素片と磁極

問 3　**図 7.16** に示すような直方体の導体を磁束密度 B [T] の磁界の中に置き、電流 I [A] を流す。このとき、端子 PQ の間に電圧 V_H が発生する。導体の中には 1 m^3 当たりに電荷 q [C] のキャリアが n [個] あるものとする。つぎの問いに答えよ。

(1)　キャリアの速度 v を a, b, q, n, I で表せ。

(2)　1 個のキャリアが磁束密度から受ける電磁力を q, v, B で表せ。

(3)　定常状態では、図 7.16 のように端子 P の壁には正電荷、端子 Q の壁には負の電荷が蓄積される。これらの電荷が導体内につくる電界を E [V/m] とすると、1個のキャリアがこの電界から受ける力を q, E で表せ。

(4) 定常状態では、キャリアに作用する電磁力と電界による力がつり合った状態になる。このことから、端子PQ間の電圧 V_H を b, q, n, B, I で表せ。

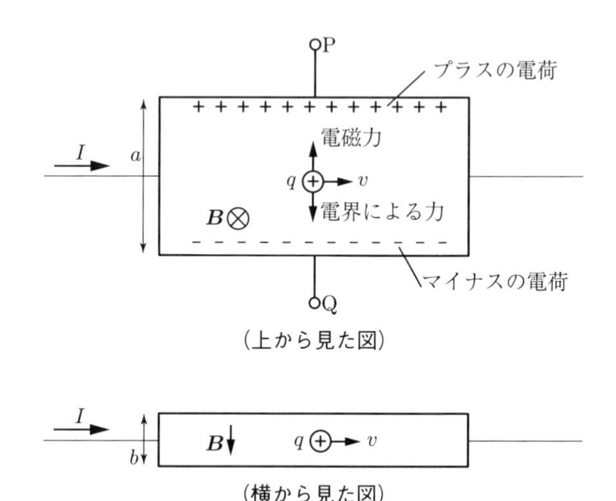

図 7.16　磁束密度中を流れる電流

問4　導体球（半径 r [m]）の表面に電荷密度 σ [C/m^2] の電荷が帯電しており、この導体球は角速度 ω [rad/s] で回転している（**図 7.17**）。

(1) 図中の帯の部分の断面を 1 s 間に通過する電荷量 di（すなわち電流）を式で表せ。ただし、$r, \theta, \sigma, \omega$ を用いて表すこと。

(2) 電流 di の磁気モーメント dM を μ_0, π, r, ω, σ, θ を用いて表せ。ただし、ループ電流の電流が I、ループが囲む面積は S であるとき、磁気モーメントは $M = \mu_0 IS$ [Wb・m] で与えられる。

(3) 球面全体の電荷によって発生する磁気モーメントを求めよ。ただし、積分を計算する際、$\sin 3\theta = 3\sin\theta - 4\sin^3\theta$ を用いてよい。

(4) 球面全体の電流が原点につくる磁界を r, ω, σ を用いて表せ。

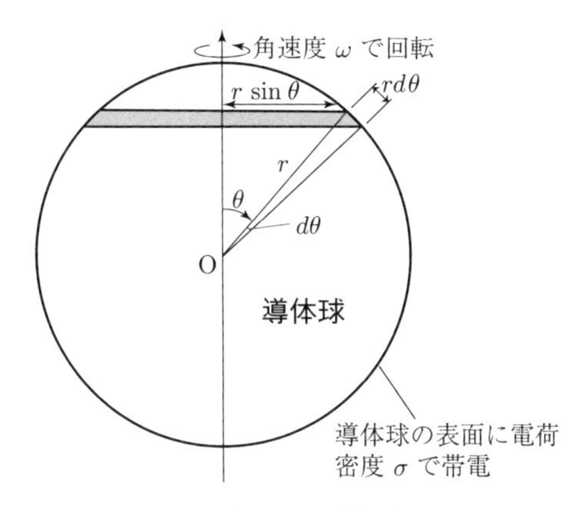

図 7.17　帯電した導体球の回転

問 5　**図 7.18** のように、$z=0$ から $z=L$ の空間だけで紙面に対し垂直な方向へ磁束密度 B [T] が生じており、その他の空間では磁束密度は 0 T である。いま、z 軸の負の方向から z 軸上を電子（電荷量 $-e$ [C]、質量 M [kg]）が速度 v [m/s] で等速運動し、入射した。

(1)　電子が磁束密度から受ける力の大きさ F を示せ。

(2)　電子は磁束密度が発生している空間に入射した後、点 R を中心とした円運動をする。この円の半径 r を M と v を用いて表せ。

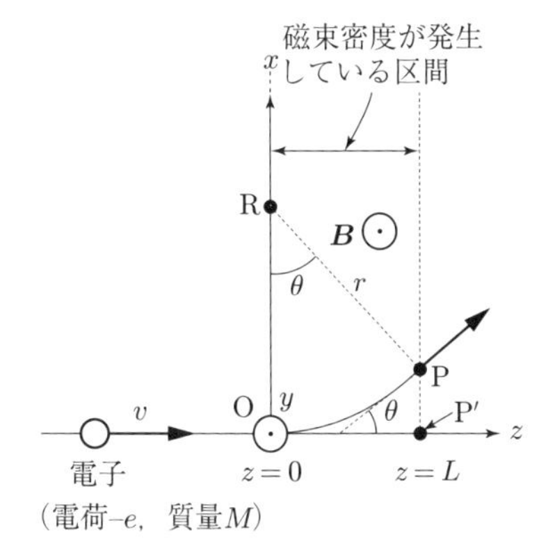

図 7.18　磁束密度がある空間への電子の入射

(3)　角度 θ を r と L を用いて表せ。ただし、$\theta \approx 0$ と近似してよい。

(4)　(2) と (3) より、角度 θ を L と v を用いて表せ。

問 6　磁束密度 B [T] の一様な磁界がある（**図 7.19**）。この磁界の向きに垂直な軸で角速度 ω [rad/s] をもつ円形コイル（半径 a [m]、N 巻き）がある。このコイルに発生する起電力の実効値を求めよ。

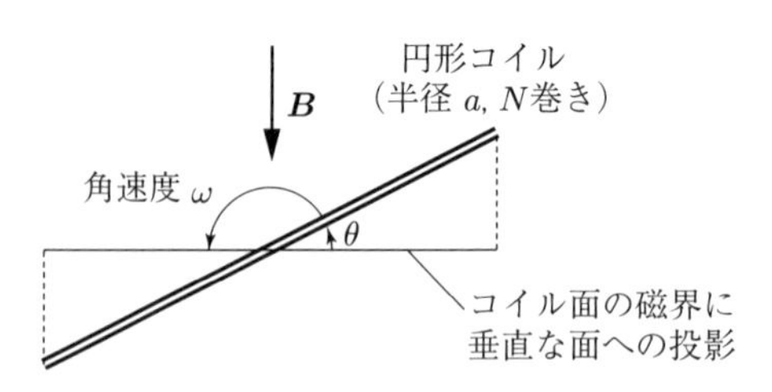

図 7.19　磁束密度中でのコイルの回転

第８章　インダクタンス

8.1　自己誘導と自己インダクタンス

図 **8.1** のようなコイルに電流を流すと、電流の変化を妨げる方向へ起電力が発生する。これを**自己誘導**という。

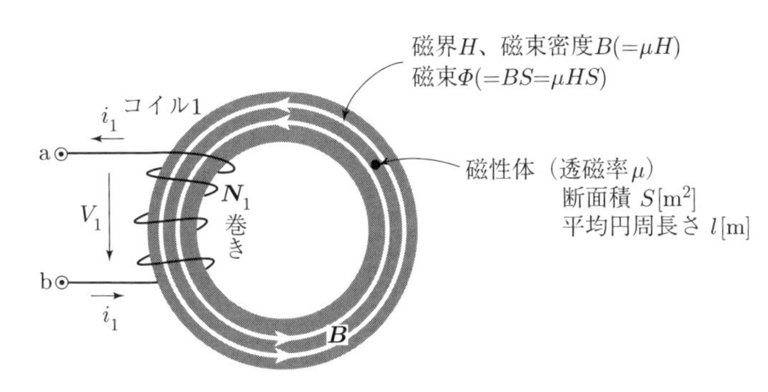

図 **8.1**　自己誘導

端子 a–b 間に電圧をかけてコイル 1 に電流 i_1 を流す。このとき、磁性体中に磁界 H が発生する。磁界は磁性体から漏れることはないとすると、磁力線は円状になる。アンペアの周回積分の法則によって、磁界に沿うようにループを設定すると

$$lH = N_1 i_1 \tag{8.1}$$

が成立する。これを用いると、磁性体中の磁束 Φ は

$$\Phi = SB = S \cdot \mu H = \frac{\mu S N_1 i_1}{l} \tag{8.2}$$

で与えられる。この発生した磁束は、コイルに改めて鎖交することになる。このとき、コイル 1 全体に鎖交する磁束 ϕ_{11} は

$$\phi_{11} = N_1 \Phi = \frac{\mu S N_1^2 i_1}{l} \tag{8.3}$$

で与えられる。このとき、ファラデーの電磁誘導の法則より、端子aに対するbの起電力

$$V_1 = \frac{d\phi_{11}}{dt} = \frac{\mu S N_1^2}{l}\frac{di_1}{dt} = L\frac{di_1}{dt} \tag{8.4}$$

を発生する。V_1 が正のとき、磁性体中の磁束 Φ の発生を妨げるような電流を流す起電力であることに注意のこと。ここで、L はコイル1の自己インダクタンスと定義し

$$L = \frac{\mu S N_1^2}{l} \tag{8.5}$$

である。

以上では、環状ソレノイドの場合について述べたが、任意の形状のコイルに対して以下のことが成り立つ。一般に N 回巻きのコイルに電流 i_1 を流したとき、発生した磁束が ϕ ならば、このコイルの自己インダクタンスを

$$L = \frac{N\phi}{i_1} \tag{8.6}$$

と定義し、その単位はHであり、ヘンリーとよぶ。このコイルの自己誘導による起電力は

$$V = L\frac{di_1}{dt} \tag{8.7}$$

で与えられる。

8.2　相互誘導と相互インダクタンス

2つのコイルのうち、1つのコイルに電流を流すと、残りのコイルに起電力が発生する。これを**相互誘導**という。いま、**図8.2**のような環状ソレノイドを考える。前節で述べたように、コイル1に電流 i_1 を流すと磁性体中に磁界が発生し、その磁束は式 (8.2) で与えられる。この磁束はコイル2にも鎖交し、コイル2全体が鎖交する磁束 ϕ_{21} は

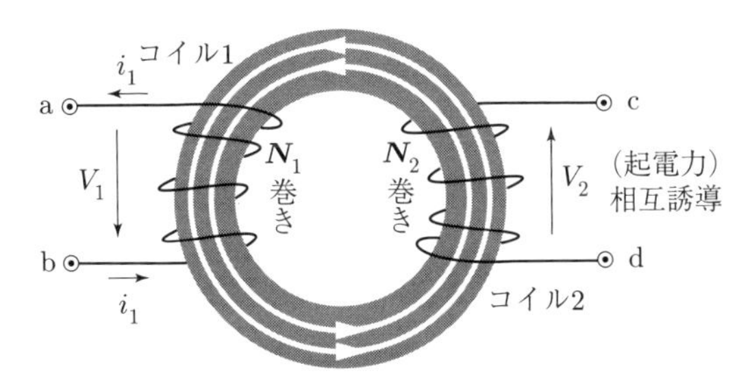

図 8.2　相互誘導

$$\phi_{21} = N_2\Phi = \frac{\mu S N_1 N_2 i_1}{l} \tag{8.8}$$

となる。このとき、ファラデーの電磁誘導の法則より、コイル 2 の端子 d に対する c の起電力 V_2 は

$$V_2 = \frac{d\phi_{21}}{dt} = \frac{\mu S N_1 N_2}{l}\frac{di_1}{dt} = M_{21}\frac{di_1}{dt} \tag{8.9}$$

で与えられる。V_2 が正のとき、i_1 によって発生した磁束 Φ を妨げるような電流を流す起電力であることに注意のこと。ここで、M_{21} はコイル 1 とコイル 2 との間の相互インダクタンスと定義し

$$M_{21} = \frac{\mu S N_1 N_2}{l} \tag{8.10}$$

である。

自己インダクタンスと同様に相互インダクタンスについても、任意の 2 つのコイル間の結合を以下のように述べることが可能である。一般に、1 次コイルに電流 i_1 を流したとき、N_2 回巻きの 2 次コイル全体に鎖交する磁束が $N_2\Phi$ ならば、これらのコイル間の相互インダクタンスを

$$M_{21} = \frac{N_2\Phi}{i_1} \tag{8.11}$$

で定義し、その単位は H である。1 次コイルの電流 i_1 によって 2 次コイルに発生する起電力は

$$V = M_{21}\frac{di_1}{dt} \tag{8.12}$$

で与えられる。相互インダクタンスは2つの導体間の誘導的な結びつきの強さを表している。一方、3.1節で述べたとおり、2つの導体間の容量的な結びつきの強さを表すのが静電気量である。

【例題8.1】 図8.2の環状ソレノイドに電流 i_1 を流したときのコイル1側の端子間電圧 V_1 とコイル2側の端子間電圧 V_2 との比を求めよ。

（考え方） コイル1の端子間電圧およびコイル2の開放電圧は、ファラデーの電磁誘導の法則で求められる起電力に等しい。

【解答】 $V_1 : V_2 = \frac{\mu S N_1^2}{l}\frac{di_1}{dt} : \frac{\mu S N_1 N_2}{l}\frac{di_1}{dt} = N_1 : N_2$

上式より、両コイルの電圧の比はコイルの巻き数の比で与えられることがわかる。

練習問題 8

問1　**図8.3**(a) のように、透磁率 μ [H/m] の円筒型の磁性体に導線を N 回巻きつけた環状ソレノイドがある。この導線に電流 I [A] を流した。磁性体内にはソレノイド円周方向を向く磁力線が発生する。この磁力線の長さを l とすると、アンペアの法則より $lH = NI$ が得られる。ここで、H [A/m] は磁力線上の磁界である。まず、電流により発生する磁界は磁性体の断面で一様に発生していると考えて、つぎの問いに答えよ。

(1)　平均的な磁力線の長さを a および b で表せ。ただし、l は磁性体の内側円周と外側円周の平均値で与えてよい。

(2)　断面（横 $b-a$、高さ c）を貫く磁束 Φ [Wb] を I、a および b を用いて表せ。

(3)　環状ソレノイドの自己インダクタンスを a および b を用いて表せ。

以上では、磁性体の断面で磁界は一様と仮定したが、$a \ll b$ の場合にはこの仮定が成立しない。この場合で、以下の問いに答えよ。

(4)　図8.3(a) の磁性体から内側の半径が r で厚さ dr の微小な円筒型磁性体（図8.3(b)）を取り出そう。この磁性体に関しては内径 $2r$ と外径 $2(r+dr)$ はほぼ等しいと考えてよい。このため、磁性体内で磁界は一様であり、(1) で考えた磁力線の平均的な長さは 円周 $2\pi r$ としてよい。(2) の結果を参考にして、微小な円筒型磁性体（図 8.3(b)）の断面に貫通する磁束 $d\Phi$ を r を用いて表せ。

(5)　(4) で得られた $d\Phi$ を r に関して a から b まで積分することで、図 8.3(a) のコイルの断面を貫通する磁束 Φ を計算せよ。ただし、必要ならば $\int_a^b \frac{1}{r}dr = \log_e \frac{b}{a}$ を用いてよい。

(6)　環状ソレノイド（図 8.3(a)、$a \ll b$）の自己インダクタンスを求めよ。

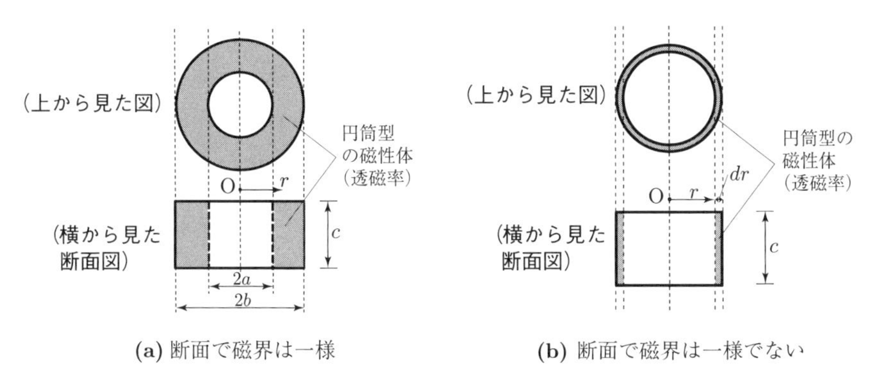

(a) 断面で磁界は一様　　**(b)** 断面で磁界は一様でない

図 8.3　円筒型磁性体

第9章　電磁波

9.1　変位電流

図9.1のように、電圧源とコンデンサが接続されている。電圧源の電圧は正弦的に変化している。このとき、正電荷が電源とコンデンサ間の導線中を流れ、電流Iが流れる。このように導体中の電荷の移動によって流れる電流を**伝導電流**という。

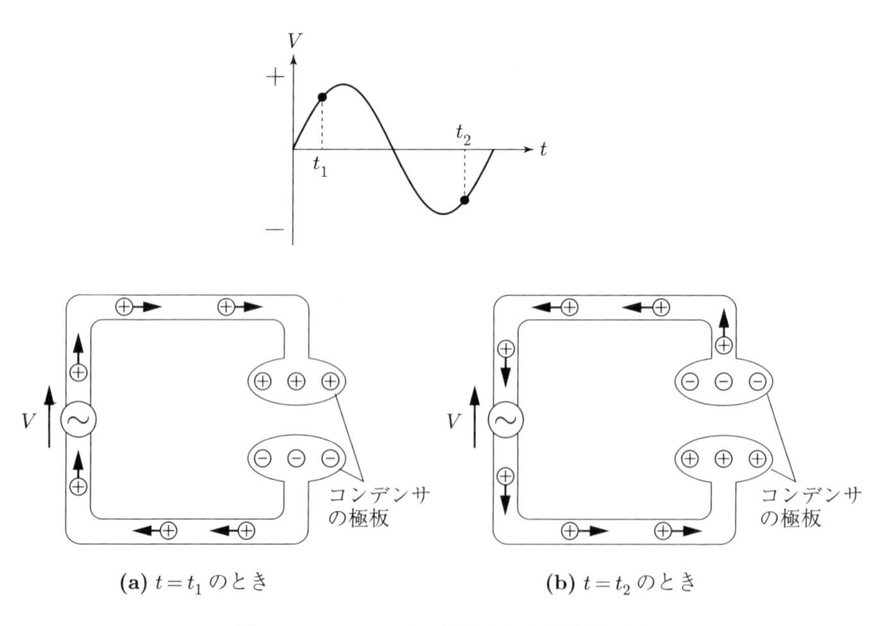

(a) $t=t_1$ のとき　**(b)** $t=t_2$ のとき

図9.1　コンデンサに接続された交流電圧源

図9.1の回路では、極板間を除くと、伝導電流が流れることで電気的なエネルギーの流れが発生している。極板間は導体がないため、ここではエネルギーの流れが途切れているように見える。もし極板間の空中を仮想的な電流が流れていると仮定すると、コンデンサでエネルギーの流れが途切れず、合理的である。もし電流が流れれば、アンペアの法則により磁界が発生するはずであるが、事実、コンデ

ンサの極板間の内部には磁界が発生している。その大きさは極板間の電束密度の時間変化量 $\frac{\partial \boldsymbol{D}}{\partial t}$ に比例することがわかっている。いま、新たに、$\frac{\partial \boldsymbol{D}}{\partial t}$ を変位電流密度と定義し、電流の1つと認めることにしよう。以後、電流密度は、伝導電流密度 $\boldsymbol{J}$ [A/m^2] と変位電流密度の和で

$$\boldsymbol{J} + \frac{\partial \boldsymbol{D}}{\partial t} \quad [\mathrm{A/m^2}] \tag{9.1}$$

と表すことにする。

【例題 9.1】　**図 9.2** のように、電極板が半径 r [m] の円形の平行平板コンデンサに交流電流 $i(t) = I_m \sin \omega t$ を流すとき、コンデンサの中の磁界を計算したい。ただし、時刻 $t = 0\,\mathrm{s}$ に電極板に充電されている電荷はないとする。以下の問いに答えよ。

(1)　時刻 t で、コンデンサの電極に蓄えられている電荷 Q [C] を計算せよ。

(2)　コンデンサ電極間に生じている電束密度 D [C/m^2] を計算せよ。

(3)　コンデンサ電極間の変位電流密度 J [A/m^2] を計算せよ。

(4)　コンデンサ電極間で円の中心軸から s [m] 離れた点における磁界 H [A/m] を計算せよ。

【解答】　(1)　時刻 $t_0 > 0$ において、電極に充電された電荷 Q は

$$\begin{aligned} Q(t_0) &= \int_0^{t_0} i(t)dt = \int_0^{t_0} I_m \sin \omega t dt \\ &= \frac{I_m}{\omega}[-\cos \omega t]_0^{t_0} = \frac{I_m}{\omega}(1 - \cos \omega t_0) \end{aligned} \tag{1}$$

時刻 t においては、$Q(t) = \frac{I_m}{\omega}(1 - \cos \omega t)$

(2)　ガウスの定理より

$$D \cdot \pi r^2 = Q \qquad \therefore D = \frac{I_m}{\pi r^2 \omega}(1 - \cos \omega t) \tag{2}$$

(3)　式 (9.1) より変位電流密度 J は

$$J = \frac{\partial D}{\partial t} = \frac{\partial}{\partial t}\left(-\frac{I_m \cos \omega t}{\omega \pi r^2}\right) = \frac{I_m}{\pi r^2}\sin \omega t \tag{3}$$

(4)　本問で問われている磁界 H は半径 r の円柱導体に電流密度 $J = \frac{I_m}{\pi r^2}\sin\omega t$ で伝導電流が流れたときに、円柱の軸から s [m] 離れた点における磁界 H を計算することに等しい（これは練習問題6、問2で $a = 0$ としたときに対応する）。

i)　$s < r$ のとき

アンペアの周回積分より

$$H \cdot 2\pi s = \pi s^2 \cdot J$$

$$\therefore H = \frac{sJ}{2} = \frac{sI_m \sin\omega t}{2\pi r^2} \tag{4}$$

ii)　$r < s$ のとき

$$H \cdot 2\pi s = \pi r^2 \cdot J \tag{5}$$

$$H = \frac{r^2 J}{2s} = \frac{I_m \sin\omega t}{2\pi s} \tag{6}$$

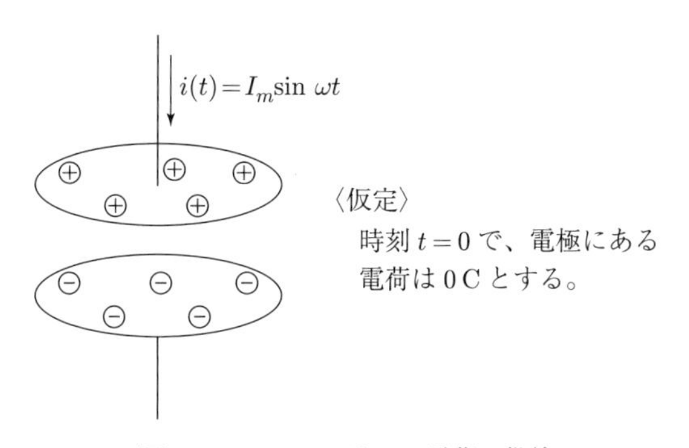

図 9.2　コンデンサへの電荷の供給

9.2　マクスウェルの方程式

これまで、磁界と電圧・電流との間にはアンペアの周回積分の法則と電磁誘導の法則が成り立ち、電流には伝導電流だけでなく変位電流があることを学んだ。これらを方程式で表現する際には、ところどころで積分記号が用いられた。

いま、ある与えられた状況で電界 $\boldsymbol{E}$ と磁界 $\boldsymbol{H}$ を求めることを考えよう。上記の法則を用いて、$\boldsymbol{E}$ と $\boldsymbol{H}$ を含む方程式をたてて、$\boldsymbol{E}$ と $\boldsymbol{H}$ について解くことで電磁界を求めることができそうである。しかしながら、これらの方程式は積分記号を含む積分方程式であり、これらを解くためには計算機を用いて数値的に解かない限り、一般に解くことは容易でない。一方、微分記号を含む微分方程式については、その解法は比較的よく研究されている。本節では、アンペアの周回積分の法則と電磁誘導の法則を微分方程式で表現しよう。

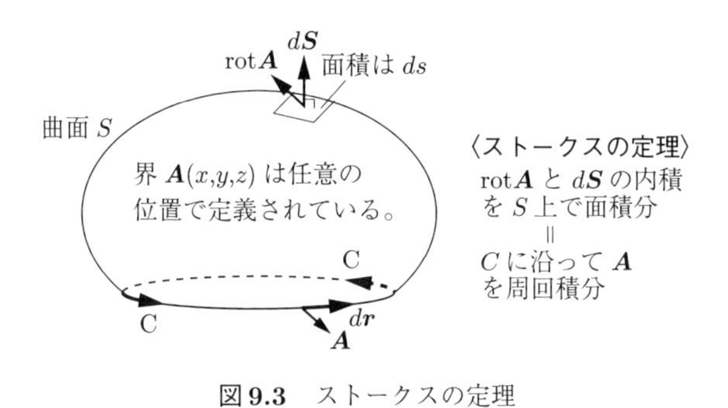

図 **9.3**　ストークスの定理

■ **ストークスの定理：**　図 **9.3** のような 3 次元空間の任意の点で

$$A(x,y,z) = (A_x(x,y,z), A_y(x,y,z), A_z(x,y,z)) \tag{9.2}$$

と表現される界がある。この空間で、C を境界とする曲面 S を考え、S の任意の点における法線ベクトルを $\boldsymbol{S}(x,y,z)$ とする。C の上で $\boldsymbol{A}$ を右ねじの方向へ周回積分した値は、S で $\mathrm{rot}\boldsymbol{A}$ を面積分した値に等しい、すなわち

$$\oint_C \boldsymbol{A}\cdot d\boldsymbol{r} = \iint_S (\mathrm{rot}\boldsymbol{A})\cdot d\boldsymbol{S} \tag{9.3}$$

が成立する。ここで $d\boldsymbol{S} = \boldsymbol{S}(x,y,z)\cdot dS$ であり、dS は (x,y,z) における微小面積である。また、$\mathrm{rot}\boldsymbol{A}$ は

$$\mathrm{rot}\boldsymbol{A} = \nabla\times\boldsymbol{A} = (\frac{\partial A_z}{\partial y} - \frac{\partial A_y}{\partial z})\boldsymbol{i} + (\frac{\partial A_x}{\partial z} - \frac{\partial A_z}{\partial x})\boldsymbol{j} + (\frac{\partial A_y}{\partial x} - \frac{\partial A_x}{\partial y})\boldsymbol{k} \tag{9.4}$$

と定義する。$\mathrm{rot}\boldsymbol{A}$ は回転（ローテーション）とよばれ、∇（ナブラ）と $\boldsymbol{A}$ の外積である。ただし、$\boldsymbol{i},\boldsymbol{j}$ および $\boldsymbol{k}$ はそれぞれ x 軸方向、y 軸方向および z 軸方向を向

く単位ベクトルである。定理の証明は、数学などの他の教科書に譲る。rot$\boldsymbol{A}$の演算法はたとえば以下のようにも覚えることができる。たとえば、rot$\boldsymbol{A}$のx成分は①でのたすきがけの演算で求める。

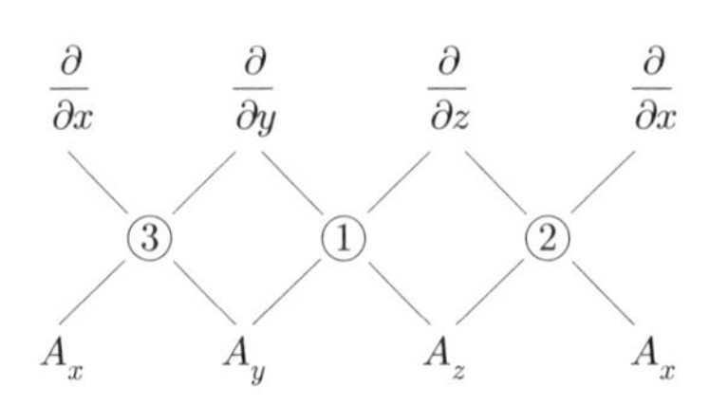

9.2.1　アンペアの周回積分の法則の微分形表現

図9.3に示すような曲面Sを通過する電流Iは、伝導電流密度$\boldsymbol{J}_c$と変位電流密度$\frac{\partial \boldsymbol{D}}{\partial t}$を面積分することで得られるので

$$I = \iint_S (\boldsymbol{J}_c + \frac{\partial \boldsymbol{D}}{\partial t}) \cdot d\boldsymbol{S} \tag{9.5}$$

アンペアの周回積分の法則より

$$I = \oint_C \boldsymbol{H} \cdot d\boldsymbol{r} = \iint_S (\mathrm{rot}\boldsymbol{H}) \cdot d\boldsymbol{S} \tag{9.6}$$

ただし、以上の式変形でストークスの定理を用いた。式(9.5)と式(9.6)は等しいので

$$\iint_S (\mathrm{rot}\boldsymbol{H}) \cdot d\boldsymbol{S} = \iint_S (\boldsymbol{J}_c + \frac{\partial \boldsymbol{D}}{\partial t}) \cdot d\boldsymbol{S} \tag{9.7}$$

が成立する。任意の面Sで上式が成立するためには、被積分関数が等しいことが必要と考えて

$$\mathrm{rot}\boldsymbol{H} = \boldsymbol{J}_c + \frac{\partial \boldsymbol{D}}{\partial t} \tag{9.8}$$

を得る。上式がアンペアの周回積分の法則の微分形表現である。

9.2.2　ファラデーの電磁誘導の微分形表現

1巻きの導体のループに磁束Φが鎖交するとき、ループに発生する起電力は、ファラデーの電磁誘導の法則より

$$V = -\frac{\partial \Phi}{\partial t} \tag{9.9}$$

である。V は起電力を表し、単位はVである。この V は、電圧の定義より、ループCに沿ってループ上の電界 $\boldsymbol{E}$ を線積分したものに等しく

$$V = \oint_C \boldsymbol{E} \cdot d\boldsymbol{r} \tag{9.10}$$

である。式 (9.9) と式 (9.10) より

$$-\frac{\partial \Phi}{\partial t} = \oint_C \boldsymbol{E} \cdot d\boldsymbol{r} = \iint_S (\mathrm{rot}\boldsymbol{E}) \cdot d\boldsymbol{S} \tag{9.11}$$

ただし、以上の式変形でストークスの定理を用いた。図 9.3 のように、面SはCを境界とする曲面である。一方、磁束の定義によると

$$\Phi = \iint_S \boldsymbol{B} \cdot d\boldsymbol{S} \tag{9.12}$$

である。式 (9.12) に負号をつけて時間微分すると

$$-\frac{\partial \Phi}{\partial t} = -\frac{\partial}{\partial t} \iint_S \boldsymbol{B} \cdot d\boldsymbol{S} = \iint_S (-\frac{\partial}{\partial t}\boldsymbol{B}) \cdot d\boldsymbol{S} \tag{9.13}$$

式 (9.11) と式 (9.13) は等しいので

$$\mathrm{rot}\boldsymbol{E} = -\frac{\partial \boldsymbol{B}}{\partial t} \tag{9.14}$$

が導出できる。これがファラデーの電磁誘導の法則の微分形表現である。

9.2.3 マクスウェルの方程式

前節で導出した式 (9.8) と式 (9.14) は、これまでに見てきた諸法則に矛盾するものではない。たとえば、式 (9.8) と式 (9.14) の両辺に div を作用させると

$$\mathrm{div}(\mathrm{rot}\boldsymbol{H}) = \mathrm{div}(\boldsymbol{J}_c + \frac{\partial \boldsymbol{D}}{\partial t}) \tag{9.15}$$

$$\mathrm{div}(\mathrm{rot}\boldsymbol{E}) = \mathrm{div}(-\frac{\partial \boldsymbol{B}}{\partial t}) \tag{9.16}$$

となる。任意のベクトル $\boldsymbol{x}$ に対し $\mathrm{div}(\mathrm{rot}\boldsymbol{x}) = 0$ が成立するので、上の2式の左辺は0となる。右辺に対し、div と $\frac{\partial}{\partial t}$ の演算の順番を入れ替えると、式(9.15)と式(9.16)は

$$\frac{\partial}{\partial t}\mathrm{div}\boldsymbol{D} = -\mathrm{div}\boldsymbol{J}_c \tag{9.17}$$

$$\frac{\partial}{\partial t}\mathrm{div}\boldsymbol{B} = 0 \tag{9.18}$$

となる。ガウスの定理の微分表示式の式(2.30)で ε_0 を ε で置き換えたものに、電束密度と電界との関係式 $\boldsymbol{D} = \varepsilon\boldsymbol{E}$（式(4.6)）を用いた

$$\mathrm{div}\boldsymbol{D} = \rho \tag{9.19}$$

と式(9.17)から

$$\mathrm{div}\boldsymbol{J}_c = -\frac{\partial}{\partial t}\rho \tag{9.20}$$

を導出できる。これはある単位体積から単位時間当たり流れ出る電荷量（左辺）は同じ空間の内部にある電荷の単位時間当たりの減少量（右辺）に等しいということを表しており、電荷保存の法則を微分形で表した連続の式である。一方、式(9.18)は、時刻 $t = -\infty$ で電磁現象が始まったときには、電磁界は存在しないと考えると

$$\mathrm{div}\boldsymbol{B} = 0 \tag{9.21}$$

となる。これは磁束が発生・消滅することはなく、磁極が単独で存在することを否定するものである。

9.2.1項、9.2.2項と本節より、電磁法則をまとめた基本電磁方程式は以下の4式となる。

$$\mathrm{rot}\boldsymbol{H} = \boldsymbol{J}_c + \frac{\partial \boldsymbol{D}}{\partial t} \tag{9.22}$$

$$\mathrm{rot}\boldsymbol{E} = -\frac{\partial \boldsymbol{B}}{\partial t} \tag{9.23}$$

$$\mathrm{div}\boldsymbol{D} = \rho \tag{9.24}$$

$$\mathrm{div}\boldsymbol{B} = 0 \tag{9.25}$$

これら 4 式を**マクスウェルの方程式**とよぶ。式 (9.24) と式 (9.25) は、式 (9.22) と式 (9.23) から導けるので独立ではない。上式の 1 つの方程式内にある量はすべて同じ場所で観測されたものであり、微分形では空間中にある 1 点における電磁界の関係式を表現している。一方、たとえば積分形の式 (9.6) は I と $\boldsymbol{H}$ の観測位置は異なっている。**図 9.4** のように式 (9.22) は微小な空間内で時間的に変化する電界が磁界を発生させることを表し、この磁界が式 (9.23) によってまた電界を発生させることができることを示しており、このような関係が次節で述べる電磁波の伝搬につながる。

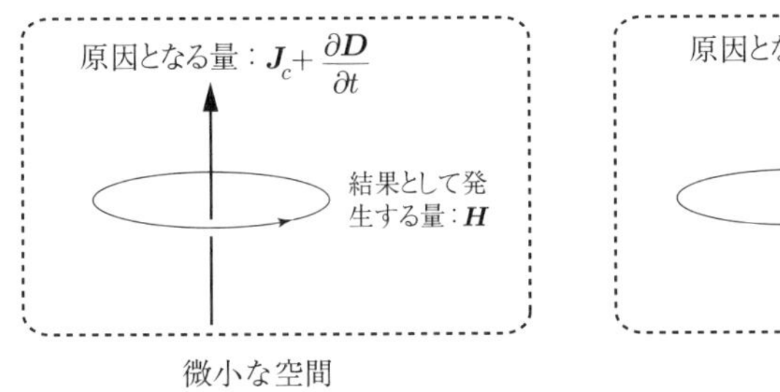

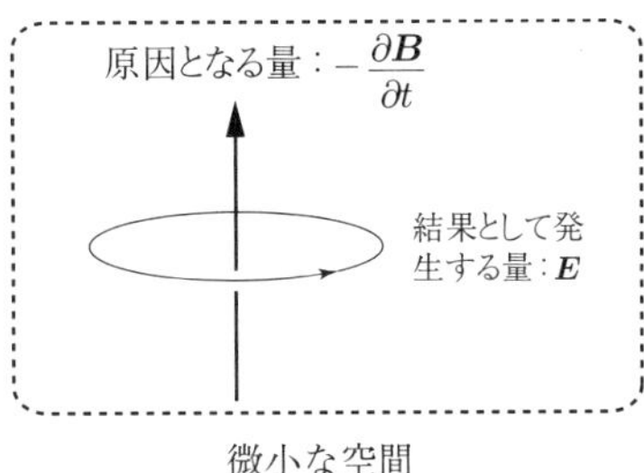

図 9.4 微小空間中で発生する電磁界の因果関係

【例題 9.2】 z 軸を軸にした半径 a [m] の導体円柱がある。磁界 $\boldsymbol{H}$ が

$$\boldsymbol{H} = [-y, x, 0] \quad (r < a)、$$

$$\boldsymbol{H} = \left[-\frac{a^2 y}{x^2 + y^2}, \frac{a^2 x}{x^2 + y^2}, 0\right] \quad (a < r)$$

であるとき、電流密度 $\boldsymbol{J}$ を求めよ。ただし、$r = \sqrt{x^2 + y^2}$ である。

【解答】 (1) $r < a$ のとき

式 (9.4) より

$$\mathrm{rot}\boldsymbol{H} = \left[\frac{\partial}{\partial y}(0) - \frac{\partial}{\partial z}x, \frac{\partial}{\partial z}(-y) - \frac{\partial}{\partial x}(0), \frac{\partial}{\partial x}x - \frac{\partial}{\partial y}(-y)\right]$$

$$= [0 - 0, 0 - 0, 1 - (-1)] = [0, 0, 2] \tag{1}$$

式 (9.22) より、前式が電流密度に等しいので、$\boldsymbol{J} = [0, 0, 2]$

(2)　$a < r$ のとき

$$\begin{aligned}
\mathrm{rot}\boldsymbol{H} &= \left[\frac{\partial}{\partial y}(0) - \frac{\partial}{\partial z}\frac{a^2 x}{x^2+y^2},\ \frac{\partial}{\partial z}\left(-\frac{a^2 y}{x^2+y^2}\right) \right. \\
&\qquad \left. -\frac{\partial}{\partial x}(0),\ \frac{\partial}{\partial x}\frac{a^2 x}{x^2+y^2} - \frac{\partial}{\partial y}\left(-\frac{a^2 y}{x^2+y^2}\right) \right] \\
&= \left[0-0,\ 0-0,\ \frac{a^2\{1\cdot(x^2+y^2) - x\cdot 2x\}}{(x^2+y^2)^2} \right. \\
&\qquad \left. + \frac{a^2\{1\cdot(x^2+y^2) - y\cdot 2y\}}{(x^2+y^2)^2} \right] \\
&= [0, 0, 0] = \boldsymbol{O} \qquad (2)
\end{aligned}$$

したがって、式 (9.22) より、上式が電流密度に等しいので、導体円柱の外部では変位電流も含めて電流は流れていない。なお、上記の式の変形で合成関数の微分公式

$$\frac{d}{dx}\frac{g(x)}{f(x)} = \frac{g'(x)f(x) - g(x)f'(x)}{f(x)^2} \qquad (3)$$

を用いた。

9.3　無損失媒質中における電磁波の伝搬

9.3.1　ベクトル波動方程式の導出

前節で電磁気現象を微分方程式で表すことができたが、これらを満たす電界または磁界を求めるのはまだ難しい。ここではマクスウェルの方程式から数学的に解くことが可能な方程式を導出してみよう。媒質の誘電率および透磁率をそれぞれ ε および μ とする。簡単のため導電率を $\sigma = 0$ S/m として無損失を仮定する。このとき、伝導電流は流れないため $\boldsymbol{J}_C = \boldsymbol{O}$ となるので、アンペアの周回積分の法則の (9.22) は

$$\mathrm{rot}\boldsymbol{H} = \frac{\partial \boldsymbol{D}}{\partial t} = \varepsilon\frac{\partial}{\partial t}\boldsymbol{E} \qquad (9.26)$$

となる。上式の変形で $\boldsymbol{D} = \varepsilon \boldsymbol{E}$ を用いた。ファラデーの電磁誘導の法則 (9.23) は

$$\mathrm{rot}\boldsymbol{E} = -\frac{\partial \boldsymbol{B}}{\partial t} = -\mu \frac{\partial}{\partial t}\boldsymbol{H} \tag{9.27}$$

である。上式の変形で $\boldsymbol{B} = \mu \boldsymbol{H}$ を用いた。この右辺に rot をとって変形すると

$$\begin{aligned}\mathrm{rot}\left(-\mu\frac{\partial}{\partial t}\boldsymbol{H}\right) &= -\mu\frac{\partial}{\partial t}\mathrm{rot}\boldsymbol{H} = -\mu\frac{\partial}{\partial t}\cdot\left(\varepsilon\frac{\partial}{\partial t}\boldsymbol{E}\right)\\ &= -\varepsilon\mu\frac{\partial^2}{\partial t^2}\boldsymbol{E}\end{aligned} \tag{9.28}$$

となる。上式の変形で、$\frac{\partial}{\partial t}$ と rot の演算順序の変更と式 (9.26) の代入をした。一方、式 (9.27) の左辺に rot をとってみると

$$\begin{aligned}\mathrm{rot}(\mathrm{rot}\boldsymbol{E}) &= \nabla\times(\nabla\times\boldsymbol{E}) = \nabla(\nabla\cdot\boldsymbol{E}) - \nabla^2\boldsymbol{E}\\ &= -\nabla^2\boldsymbol{E}\end{aligned} \tag{9.29}$$

上式で 2 つ目の等号における変形は数学的な性質により任意のベクトル $\boldsymbol{E}$ に対して成立する。3 つ目の等号における変形は無損失媒質では $\rho = 0\,\mathrm{C/m^3}$ であるので、ガウスの法則（式 (9.19)）より $\mathrm{div}\boldsymbol{D} = \mathrm{div}\,(\varepsilon\boldsymbol{E}) = 0 \quad \therefore \mathrm{div}\boldsymbol{E} = \nabla\cdot\boldsymbol{E} = 0$ であることを用いた。∇^2 はラプラシアンとよばれ、$\nabla^2 = \nabla\cdot\nabla = \frac{\partial^2}{\partial x^2} + \frac{\partial^2}{\partial y^2} + \frac{\partial^2}{\partial z^2}$ である。式 (9.28) と式 (9.29) は等しいはずなので

$$\nabla^2\boldsymbol{E} = \varepsilon\mu\frac{\partial^2}{\partial t^2}\boldsymbol{E} \tag{9.30}$$

が導出できる。以上と同様にして、式 (9.26) の両辺に rot をとり、式 (9.27) と磁極が単独で存在しないことを示す式 $\mathrm{div}\boldsymbol{B} = 0$（式 (9.21)）を用いて

$$\nabla^2\boldsymbol{H} = \varepsilon\mu\frac{\partial^2}{\partial t^2}\boldsymbol{H} \tag{9.31}$$

を導出できる。式 (9.30) と式 (9.31) はベクトル波動方程式として知られており、その数学的な解法はよく研究されている。これによると、電界と磁界が空間中に同時に発生し、伝搬する電磁波の存在を予想することができる。

9.3.2 平面電磁波

本項では z 軸方向へ伝搬する平面電磁波を式で表してみよう。電磁界は正弦的に変化することを仮定し、$\boldsymbol{E} = e^{j\omega t}\boldsymbol{E}_0$ と表すことにする。ただし、$\boldsymbol{E}_0$ は時刻 $t=0$ における電界の観測点での電界ベクトルである。x 軸および y 軸方向の電磁界は一様で変化はないものとする。したがって、$\frac{\partial}{\partial x} = \frac{\partial}{\partial y} = 0$ である。これらの条件を式 (9.30) に適用する。電界ベクトルは z 軸に垂直な面内で任意の方向を取り得るが、簡単のため電界は x 軸方向を向くとしても一般性を失わない。このとき、$\boldsymbol{E}_0$ の x 成分、E_{0x} について

$$\frac{\partial^2 E_{0x}}{\partial z^2} + k^2 E_{0x} = 0 \tag{9.32}$$

が得られる。ただし、$\omega^2 \varepsilon\mu = k^2$、すなわち $k = \omega\sqrt{\varepsilon\mu}$ である。k は**波数**という。上式はヘルムホルツ方程式の1つである。この解は

$$E_{0x} = A_1 e^{-jkz} + A_2 e^{+jkz} \tag{9.33}$$

で与えられることが知られている。ただし、A_1 と A_2 は定数である。ファラデーの電磁誘導の法則の微分形 (9.23) で、時間因子 $e^{j\omega t}$ および x 軸、y 軸方向の電磁界の一様性を仮定すると、方程式

$$\frac{\partial E_{0x}}{\partial z} + j\omega\mu H_{0y} = 0 \quad \therefore H_{0y} = -\frac{1}{j\omega\mu}\frac{\partial E_{0x}}{\partial z} \tag{9.34}$$

が導出される。上式に式 (9.33) を代入すると

$$H_{0y} = -\frac{1}{j\omega\mu}(-jkA_1 e^{-jkz} + jkA_2 e^{jkz}) \tag{9.35}$$

$$= \sqrt{\frac{\varepsilon}{\mu}}(A_1 e^{-jkz} - A_2 e^{jkz}) = \frac{1}{Z}(A_1 e^{-jkz} - A_2 e^{jkz}) \tag{9.36}$$

が得られる。ただし、Z は**固有インピーダンス**または**特性インピーダンス**とよばれ

$$Z = \sqrt{\frac{\mu}{\varepsilon}} \quad [\Omega] \tag{9.37}$$

と定義される。真空中における Z はおおよそ 120π である。式 (9.33) および式 (9.36) に時間因子 $e^{j\omega t}$ をつけて、求める電磁界は

$$E_x = A_1 e^{j(\omega t - kz)} + A_2 e^{j(\omega t + kz)} \tag{9.38}$$

$$H_y = \frac{1}{Z}(A_1 e^{j(\omega t - kz)} - A_2 e^{j(\omega t + kz)}) \tag{9.39}$$

となる。時刻 $t = 0$、$z = 0$ における $e^{j(\omega t - kz)}$ の位相は $\omega \cdot 0 - k \cdot 0$ であるが、この位相をもつ部分が時刻 $t = \Delta t > 0$ のときに $z = \Delta z$ へ動いたとする。このとき、位相は

$$\omega \cdot 0 - k \cdot 0 = \omega \Delta t - k \Delta z \qquad \Delta z = \frac{\omega \Delta t}{k} > 0 \tag{9.40}$$

となる。$e^{j(\omega t - kz)}$ をもつ項は一定の位相をもつ部分が z 軸の正方向へ進む波を表していることがわかる。この波の速度は同一の位相をもつ部分が進む速さを表すので、**位相速度** v とよばれ

$$v = \frac{\Delta z}{\Delta t} = \frac{\omega}{k} = \frac{1}{\sqrt{\varepsilon \mu}} \quad [\mathrm{m/s}] \tag{9.41}$$

となる。上式に真空中の誘電率と透磁率を代入すると、真空中の光速 3.0×10^8 m/s が得られる。波の速度と波長との関係より、波の波長 λ は

$$\lambda = \frac{v}{f} = \frac{2\pi}{k} \quad [\mathrm{m}] \tag{9.42}$$

ただし、振動数 f は $\frac{\omega}{2\pi}$ で与えられることに注意してほしい。上式より、たとえば 100MHz の電磁波（電波）の真空中における波長は 3 m と計算できる。

以上では、無損失媒質を仮定していた。導電率が σ [S/m] の媒質では、ε に $\varepsilon - j\frac{\sigma}{\omega}$ を代入すれば、9.3 節の議論がそのまま成立する。詳しくは電磁波関連の専門書を参照されたい。

練習問題 9

問 1　図 **9.5** のように、厚さ d [m] の無限に広い導体板 $\left(-\frac{d}{2} \leqq x \leqq \frac{d}{2}\right)$ の中を z 軸の正方向へ一様に電流密度 $\boldsymbol{J} = [0 \quad 0 \quad J_0]$ で電流が流れている。アンペアの法則の微分形を解くことで、板の内・外での磁界 $\boldsymbol{H} = [H_x, H_y, H_z]$ を計算せよ。ただし、平面 $x = 0$ で磁界の大きさはゼロとなること（平面 $x = 0$ に対して電流の大きさは対称となるため）、およびすべての場所で磁界の x 成分はゼロとなることを用いてよい。また、導体板の境界面の内側と外側で磁界の接線成分は等しい（磁界の境界条件）ことを用いてよい。

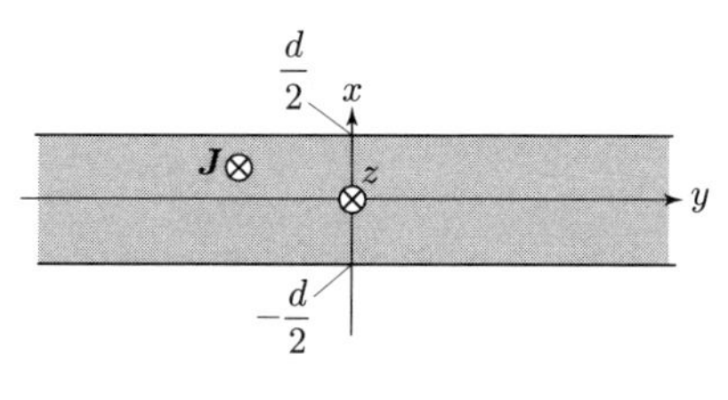

図 **9.5**

練習問題解答

第2章

問1　図2.23において、リング上の1点において微小長さ ds を考えると、ds の部分に存在する電荷 dQ はリングの円周の長さが $2\pi a$ であるから

$$dQ = \frac{Qds}{2\pi a} \tag{1}$$

したがって、dQ によって点Pに発生する電界の大きさ dE は

$$dE = \frac{dQ}{4\pi\varepsilon_0 r^2} = \frac{dQ}{4\pi\varepsilon_0(a^2+z^2)}$$

ところが、リングの反対側の微小長さ ds' を考えて2つの微小部分によって発生する電界を合成すると、電界の z 軸に垂直な成分は互いに打消し合い、結局 z 軸に平行な成分 dE_z が残ることがわかり

$$dE_z = \frac{z}{\sqrt{a^2+z^2}}dE$$

ここで、dE_z を円周全体にわたって集めると、求める電界 E は、(1)で ds を $2\pi a$ として dQ を Q とおいてよいので

$$E = \frac{z}{\sqrt{a^2+z^2}}\frac{Q}{4\pi\varepsilon_0(a^2+z^2)} = \frac{Qz}{4\pi\varepsilon_0(a^2+z^2)^{3/2}} \quad [\mathrm{V/m}]$$

問2　図2.24において、円板上で半径が r で幅が dr の帯状の部分を考えると、その微小部分が点Pに作る電界は前問の結果で a を r、Q を $\sigma\times 2\pi r dr$（$\sigma = Q/\pi a^2$ [C/m^2] は電荷密度）とおくと、

$$dE = \frac{2\pi r\sigma z dr}{4\pi\varepsilon_0\left(r^2+z^2\right)^{3/2}} = \frac{\sigma z r dr}{2\varepsilon_0\left(r^2+z^2\right)^{3/2}} \quad [\mathrm{V/m}]$$

これを半径 r について0から a まで積分すると

$$\begin{aligned}
E &= \int_0^a \frac{\sigma z r dr}{2\varepsilon_0\left(r^2+z^2\right)^{3/2}} = \frac{\sigma z}{2\varepsilon_0}\left[-\left(r^2+z^2\right)^{-1/2}\right]_0^a \\
&= \frac{\sigma z}{2\varepsilon_0}\left(-\left(a^2+z^2\right)^{-1/2}+z^{-1}\right) \\
&= \frac{\sigma}{2\varepsilon_0}\left(1-\frac{z}{\sqrt{a^2+z^2}}\right) = \frac{Q}{2\pi a^2\varepsilon_0}\left(1-\frac{z}{\sqrt{a^2+z^2}}\right) \quad [\mathrm{V/m}]
\end{aligned}$$

なお、電荷密度 $\sigma = Q/\pi a^2$ [C/m^2] を一定として $a\to\infty$ とすると

$$E_\infty = \lim_{a\to\infty}\frac{\sigma}{2\varepsilon_0}\left(1-\frac{z}{\sqrt{a^2+z^2}}\right) = \frac{\sigma}{2\varepsilon_0} \quad [\mathrm{V/m}]$$

となり、これは後述の電荷密度が σ[C/m^2] の場合に、無限平板の両側に発生する一様電界の大きさに一致する。

問3　図2.25において、リング上の1点において微小長さ ds を考えると、ds の部分に存在する電荷 dQ はリングの円周の長さが $2\pi a$ であるから

$$dQ = \frac{Qds}{2\pi a}$$

したがって、dQ によって点Pに発生する電位は

$$dV = \frac{dQ}{4\pi\varepsilon_0 r} = \frac{dQ}{4\pi\varepsilon_0\sqrt{a^2 + z^2}}$$

ここで、電位の場合は、問1の電界とは異なってスカラ量であるから、方向は考えずにリング1周にわたってこれらの総和を求めると

$$V = \frac{Q}{4\pi\varepsilon_0 r} = \frac{Q}{4\pi\varepsilon_0\sqrt{a^2 + z^2}} \quad [\mathrm{V}]$$

〈問3を用いた問1の別解〉

なお、点Pの電界は z 軸方向に発生し、式(2.22)より次式で計算できる。

$$E = -\frac{\partial V}{\partial z} = \frac{Qz}{4\pi\varepsilon_0\left(a^2 + z^2\right)^{3/2}} \quad [\mathrm{V/m}]$$

問4　電界の大きさはガウスの定理より

$$E \cdot 4\pi r^2 = \frac{\rho\frac{4\pi r^3}{3}}{\varepsilon_0}$$

$$\therefore E = \frac{\rho r}{3\varepsilon_0}$$

電界の向きは中心から外方向を向くことに注意して、$\boldsymbol{E}$ をベクトル化すると

$$\boldsymbol{E} = \frac{\rho\boldsymbol{r}}{3\varepsilon_0} = \frac{\rho}{3\varepsilon_0}\left(x\boldsymbol{i} + y\boldsymbol{j} + z\boldsymbol{k}\right) = \frac{\rho}{3\varepsilon_0}\begin{bmatrix} x \\ y \\ z \end{bmatrix}$$

となる。ただし、座標 (x, y, z) は電界の観測位置を表す。上式と式(2.30)より

$$\mathrm{div}\boldsymbol{E} = \left(\frac{\partial}{\partial x}\boldsymbol{i} + \frac{\partial}{\partial y}\boldsymbol{j} + \frac{\partial}{\partial z}\boldsymbol{k}\right) \cdot \frac{\rho}{3\varepsilon_0}\left(x\boldsymbol{i} + y\boldsymbol{j} + z\boldsymbol{k}\right) = \frac{\rho}{\varepsilon_0}$$

を得る。

第3章

問1　半径 a [m] の導体球に電荷 Q [C] を与えたとき、無限遠方を基準とするときの導体球の電位 V は

$$V = \frac{Q}{4\pi\varepsilon_0 a} \quad [\mathrm{V}]$$

である。導体球の静電容量 C は

$$C = \frac{Q}{V} = 4\pi\varepsilon_0 a \quad [\mathrm{F}]$$

よって、地球の静電容量 C は

$$C = \frac{Q}{V} = 4\pi \times 8.854 \times 10^{-12} \times 6.4 \times 10^6 = 7.1 \times 10^{-4} \quad \mathrm{F}$$

問2　図 **1**(a) に示すように微小な電荷量 dq [C] を繰り返し電極に加えることにより、Q [C] まで電荷をコンデンサに充電することを考えると、充電中にコンデンサの電荷 q [C] が増加するに従い、図 3.1(b) に示すように電極間の電圧 v [V] は上昇し、式 (3.4) より

$$v = \frac{q}{C} \quad [\mathrm{V}]$$

が成立する。このとき dq の電荷を充電することは、下の極板から上の極板へ図 1(a) の矢印に沿って、電位が v だけ高いところまで dq の電荷を運ぶことになり、それに要するエネルギー dW_e は、式 (2.10) より

$$dW_e = vdq \quad [\mathrm{J}]$$

となる。この dW_e は図 1(b) の長方形の面積に等しい。よって、Q [C] まで、充電するのに必要なエネルギー W_e は、上式の両辺を積分して

$$W_e = \int_0^Q vdq = \int_0^Q \frac{q}{C}dq = \frac{Q^2}{2C} \quad [\mathrm{J}]$$

となる。この量は静電エネルギーとよばれ、電荷 Q [C]、電圧 V [V]、あるいは静電容量 C [F] を用いてつぎのように表される。

$$W_e = \frac{1}{2}QV = \frac{Q^2}{2C} = \frac{1}{2}CV^2 \quad [\mathrm{J}]$$

この W_e は図 1(b) の 3 角形の面積に等しい。

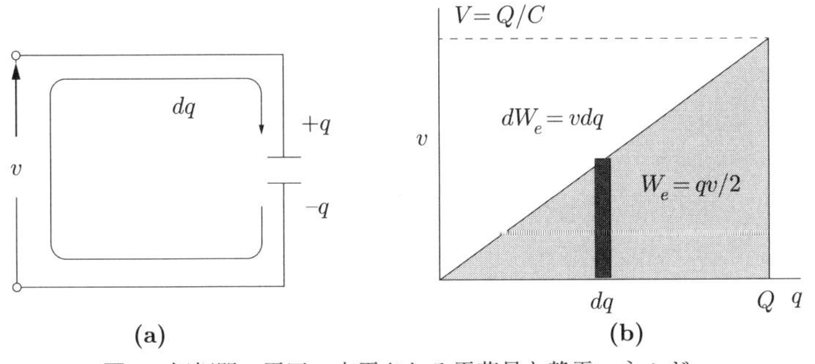

図 1　極板間の電圧、充電される電荷量と静電エネルギー

問3　2 本の導線に単位長さ当たりそれぞれ、$\pm\lambda$ [C/m] の電荷が存在するとすると、図 3.6 に示すように、上側の導体から距離 x [m] のところの電界の大きさ E は、下向きを正にして

$$E = \frac{\lambda}{2\pi\varepsilon_0 x} + \frac{\lambda}{2\pi\varepsilon_0 (D - x)} \quad [\mathrm{V/m}]$$

上式で、右辺の第 1 項は上側の導線による電界を表し、半径 x が長さ 1 m の円筒状の閉曲面を用いたガウスの定理から求まる。第 2 項は下側の導線による電界であり、第 1 項目と同様にして求めることができる。したがって、下の導体に対する上の導体の電位 V は、式 (2.17) より

$$V = -\int_{D-a}^{a} \left(\frac{\lambda}{2\pi\varepsilon_0 x} + \frac{\lambda}{2\pi\varepsilon_0 (D-x)} \right) dx = \frac{\lambda}{\pi\varepsilon_0} \log_e \left(\frac{D-a}{a} \right) \quad [\mathrm{V}]$$

よって、単位長さ当たりの静電容量 C_λ は

$$C_\lambda = \frac{\lambda}{V} = \frac{\pi\varepsilon_0}{\log_e \left(\frac{D-a}{a} \right)} \quad [\mathrm{F/m}]$$

また、2 導線間の距離 D が、導線の半径 a に比べて十分大きいとき、$D \gg a$ より $D-a \fallingdotseq D$ としてよいので

$$C_\lambda \fallingdotseq \frac{\pi\varepsilon_0}{\log_e \left(\frac{D}{a} \right)} \quad [\mathrm{F/m}]$$

第 4 章

問 1 極板面積 $S\,[\mathrm{m}^2]$ で極板間隔 $d\,[\mathrm{m}]$ の空気コンデンサの静電容量 C_0 は

$$C_0 = \frac{\varepsilon_0 S}{d} \quad [\mathrm{F}]$$

で与えられる。一方、極板間隔を $d'\,[\mathrm{m}]$ として、厚さ $t\,[\mathrm{m}]$ で比誘電率 ε_s の誘電体板を極板に平行に挿入したとき、コンデンサの静電容量 $C'\,[\mathrm{F}]$ は、空気部分と誘電体部分の静電容量の直列接続で与えられるので

$$C' = \frac{1}{\frac{d'-t}{\varepsilon_0 S} + \frac{t}{\varepsilon_s \varepsilon_0 S}} = \frac{\varepsilon_s \varepsilon_0 S}{\varepsilon_s (d'-t) + t} \quad [\mathrm{F}]$$

題意より、$C' = C_0$、$d = 1\,\mathrm{cm}$、$d' = 1.2\,\mathrm{cm}$、$t = 0.4\,\mathrm{cm}$ とおくと、

$$\varepsilon_s = 2$$

問 2 空気中の電界を E_0、誘電体中の電界を E_s とすると、極板間に電圧 V とつぎの関係が成り立つ。

$$E_0 (\ell_1 - \ell_2) + E_s \ell_2 = V$$

また、極板間の電束密度 D は空気中でも誘電体中でも値は等しく、それぞれの電界を用いて表すと、式 (4.6) より

$$\varepsilon_0 E_0 = \varepsilon_s \varepsilon_0 E_s = D$$

よって、$E_0 = \varepsilon_s E_s$ であるから

$$E_0 = \frac{\varepsilon_s V}{\varepsilon_s (\ell_1 - \ell_2) + \ell_2} \quad [\mathrm{V/m}]$$

$$E_s = \frac{V}{\varepsilon_s (\ell_1 - \ell_2) + \ell_2} \quad [\mathrm{V/m}]$$

問 3 誘電率が ε_1、ε_2 の誘電体中の電束密度をそれぞれ D_1、D_2 とすると、これらはそれぞれの誘電体部分に対応する極板上の真電荷密度 σ_1、σ_2 に等しくなるので、極板上の電荷 Q [C] とつぎの関係が成り立つ。

$$Q = \sigma_1 \frac{S}{2} + \sigma_2 \frac{S}{2} = \frac{D_1 + D_2}{2} S \tag{1}$$

一方、極板間の電界 E は誘電体の種類によらず一定で、極板間電圧を V とすれば、

$$E = \frac{V}{d}$$

であるから、これと式 (4.6) より D_1 と D_2 との間につぎの関係が成り立つ。

$$\frac{D_1}{\varepsilon_1} = \frac{D_2}{\varepsilon_2} = E = \frac{V}{d} \quad (\text{一定})$$

よって、$\varepsilon_2 D_1 = \varepsilon_1 D_2$ であることと式 (1) より

$$D_1 = \frac{2\varepsilon_1 Q}{(\varepsilon_1 + \varepsilon_2) S} \quad [\mathrm{C/m^2}]$$

$$D_2 = \frac{2\varepsilon_2 Q}{(\varepsilon_1 + \varepsilon_2) S} \quad [\mathrm{C/m^2}]$$

問 4 (1) C は、コンデンサの静電容量 C

$$C = \frac{\varepsilon_0 S}{d}$$

で与えられるので、極板の電荷量が一定のときの静電エネルギー W_Q は、練習問題 3 の問 2 より

$$W_Q = \frac{Q^2}{2C} = \frac{Q^2 d}{2\varepsilon_0 S} \quad [\mathrm{J}]$$

ここで、コンデンサの極板間隔が Δd だけ増加すると（摂動法）、静電エネルギーは電荷の補充がないため ΔW_Q だけ増加し、そのときに極板を動かすのに必要な外部から与える仕事は極板間に働く力を F_Q とすると

$$-F_Q \Delta d = \Delta W_Q \quad [\mathrm{J}]$$

で与えられる（仮想仕事）。ただし、F_Q は極板間隔が増える方向を向く力である。上式で、$\Delta d \to 0$ とすると

$$F_Q = -\frac{\partial W_Q}{\partial d} = -\frac{\partial}{\partial d}\left(\frac{Q^2 d}{2\varepsilon_0 S}\right) = -\frac{Q^2}{2\varepsilon_0 S} \quad [\mathrm{N}]$$

$F_Q < 0$ なので、F_Q は極板間に働く引力である。よって、単位面積当たり極板に働く力（マクスウェルの応力とよばれる）は

$$f_Q = +\frac{F_Q}{S} = -\frac{Q^2}{2\varepsilon_0 S^2} = -\frac{D^2}{2\varepsilon_0} = -\frac{1}{2}ED \quad [\mathrm{N/m^2}]$$

(2) 極板間の電圧が一定のときの静電エネルギー W_V は

$$W_V = \frac{1}{2}CV^2 = \frac{\varepsilon_0 SV^2}{2d} \quad [\mathrm{J}]$$

同様に、コンデンサの極板間隔が Δd だけ増加すると（摂動法）、静電エネルギーはこの場合電荷の補充があるため ΔW_V だけ増加し、そのときに極板を動かすのに必要な外部から与える仕事は極板間に働く力を F_V（極板間隔が増える向きを正）とすると

$$-F_V \Delta d = \Delta W_V - \Delta W_0 = \Delta W_V - 2\Delta W_V = -\Delta W_V$$

で与えられる（仮想仕事）。ただし、ΔW_0 は電源が供給するエネルギであり、$\Delta W_0 = V\Delta Q = V^2\Delta C = 2W_V$ である。$\Delta d \to 0$ とすると

$$F_V = \frac{\partial W_V}{\partial d} = \frac{\partial}{\partial d}\left(\frac{\varepsilon_0 SV^2}{2d}\right) = -\frac{\varepsilon_0 SV^2}{2d^2} \quad [\mathrm{N}]$$

$F_V < 0$ なので、F_V は極板間に働く引力である。よって、単位面積当たり極板に働く力（マクスウェルの応力とよばれる）は

$$f_V = +\frac{F_V}{S} = -\frac{\varepsilon_0 V^2}{2d^2} = -\frac{\varepsilon_0 E^2}{2} = -\frac{1}{2}ED \quad [\mathrm{N/m^2}]$$

第5章

問1

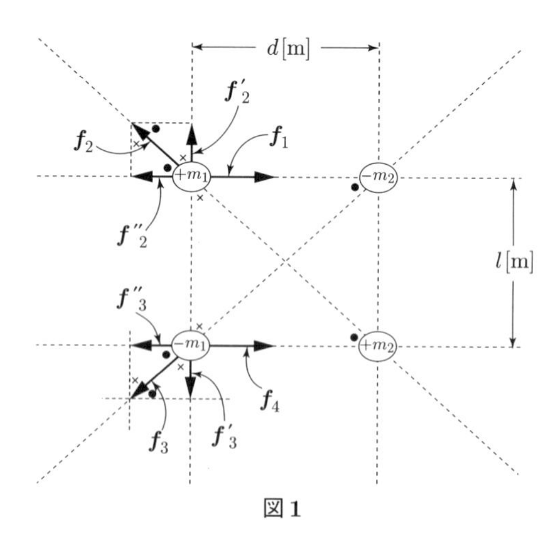

図1

左側の磁石が外部から受ける力を求める。たとえば、$-m_2$ から $+m_1$ 方向を向く単位ベクトルを $\boldsymbol{r}_{+m_1,-m_2}$ と定義すると、磁極 $+m_1$ が $-m_2$ から受ける力 f_1 は

$$\boldsymbol{f}_1 = \frac{1}{4\pi\mu_0} \cdot \frac{m_1 \cdot (-m_2)}{d^2} \boldsymbol{r}_{+m_1,-m_2}$$

磁極 $+m_1$ が $+m_2$ から受ける力 f_2 は

$$\boldsymbol{f}_2 = \frac{1}{4\pi\mu_0} \cdot \frac{m_1 \cdot m_2}{(\sqrt{d^2 + l^2})^2} \boldsymbol{r}_{+m_1, +m_2}$$

磁極 $-m_1$ が $-m_2$ から受ける力 f_3 は

$$\boldsymbol{f}_3 = \frac{1}{4\pi\mu_0} \cdot \frac{-m_1 \cdot (-m_2)}{(\sqrt{d^2 + l^2})^2} \boldsymbol{r}_{-m_1, -m_2}$$

磁極 $-m_1$ が $+m_2$ から受ける力 f_4 は

$$\boldsymbol{f}_4 = \frac{1}{4\pi\mu_0} \cdot \frac{(-m_1) \cdot m_2}{d^2} \boldsymbol{r}_{-m_1, +m_2} = -\frac{1}{4\pi\mu_0} \cdot \frac{m_1 \cdot m_2}{d^2} \boldsymbol{r}_{+m_1, -m_2}$$

である。図 1 のように、$\boldsymbol{f}_2$ を $\boldsymbol{f}_2'$ と $\boldsymbol{f}_2''$ に分解し、$\boldsymbol{f}_3$ を $\boldsymbol{f}_3'$ と $\boldsymbol{f}_3''$ に分解する。図を見ると、$\boldsymbol{f}_2' = -\boldsymbol{f}_3'$、$\boldsymbol{r}_{+m_1, -m_2} = -\boldsymbol{r}_{-m_2, +m_1}$ であることに注意して、m_1 の棒磁石に働く力は

$$\begin{aligned}
\boldsymbol{f}_1 + \boldsymbol{f}_2 + \boldsymbol{f}_3 + \boldsymbol{f}_4 &= \boldsymbol{f}_1 + (\boldsymbol{f}_2' + \boldsymbol{f}_2'') + (\boldsymbol{f}_3' + \boldsymbol{f}_3'') + \boldsymbol{f}_4 = \boldsymbol{f}_1 + \boldsymbol{f}_2'' + \boldsymbol{f}_3'' + \boldsymbol{f}_4 \\
&= -2 \cdot \frac{1}{4\pi\mu_0} \cdot \frac{m_1 \cdot m_2}{d^2} \boldsymbol{r}_{+m_1, -m_2} + 2 \cdot \frac{d}{\sqrt{l^2 + d^2}} \frac{1}{4\pi\mu_0} \cdot \frac{m_1 \cdot m_2}{(\sqrt{l^2 + d^2})^2} \boldsymbol{r}_{+m_1, -m_2} \\
&= \frac{m_1 \cdot m_2}{2\pi\mu_0} \left(\frac{1}{d^2} - \frac{d}{(d^2 + l^2)^{3/2}}\right) \boldsymbol{r}_{-m_2, +m_1}
\end{aligned}$$

となる。

問 2 磁極 $+m$ と $-m$ が、それぞれ $r = r_+$ と $r = r_-$ の位置にあるとする。棒磁石が受ける力は

$$\begin{aligned}
\boldsymbol{F} &= +m(-r_+ \boldsymbol{r}) + (-m)(-r_- \boldsymbol{r}) = -m(r_+ - r_-)\boldsymbol{r} \\
&= -ml\boldsymbol{r}
\end{aligned}$$

$l = r_+ - r_-$ に注意のこと。

第 6 章

問 1 (1) 題意の場合、影像法により、図 1 のように真空中に存在する 2 本の電流によって生じる観測点における磁界を計算すればよい。図をみると、2 本の電流によって生じる磁界は y 方向を正として、

$$\begin{aligned}
H &= \text{上の電流によって生じる磁界} + \text{下の電流によって生じる磁界} \\
&= \frac{I}{2\pi(h - z)} + \frac{I}{2\pi(h + z)}
\end{aligned}$$

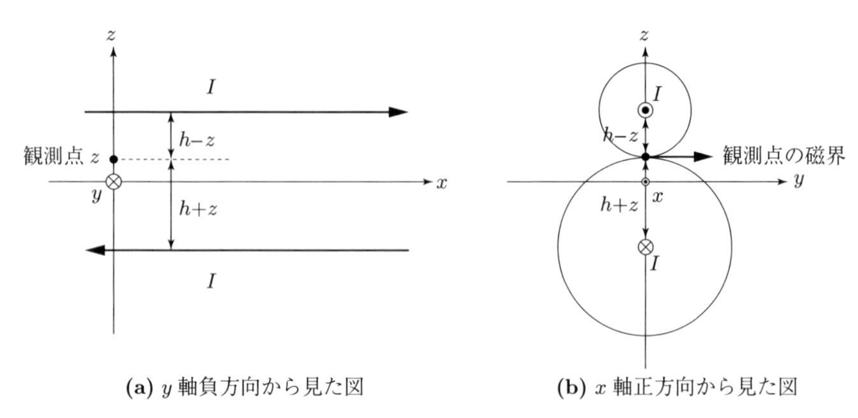

(a) y 軸負方向から見た図　　**(b)** x 軸正方向から見た図

図 1　実際に流れる電流と影像法により仮定した電流

(2) 図 2 のように、観測点における 2 本の電流によって生じる磁界は y 方向の成分のみが残り、合成された磁界は y 方向を正として

$$H = 2 \times \text{観測点に生じる磁界の } y \text{ 方向成分}$$

$$= 2 \cdot \frac{h}{\sqrt{h^2+y^2}} \cdot \frac{I}{2\pi\sqrt{h^2+y^2}}$$

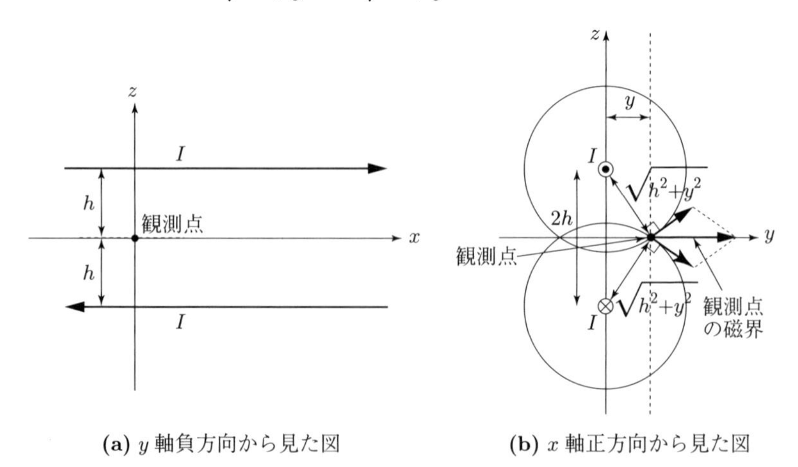

(a) y 軸負方向から見た図　　**(b)** x 軸正方向から見た図

図 2　実際の電流と影響電流

問 2　導体円筒に流れる電流密度 J は、電流 I を断面積 $\pi(b^2-a^2)$ で割ることで得られ

$$J = \frac{I}{\pi(b^2-a^2)}$$

である。z 軸を軸にして電流は軸対称に流れているので、磁力線は z 軸を中心とする同心円

状になる。z 軸の周りに半径 r のループ l を考えると、ループ l 上での、ループ l 方向を向く磁界の大きさを H とするとき、アンペアの周回積分の法則より

i) $b < r$ のとき

$$2\pi r H = I \quad \therefore H = \frac{I}{2\pi r}$$

ii) $a < r < b$ のとき

$$2\pi r H = J\pi(r^2 - a^2) \quad \therefore H = \frac{I(r^2 - a^2)}{2\pi r(b^2 - a^2)}$$

iii) $r < a$ のとき

$$2\pi r H = 0 \quad \therefore H = 0$$

問 3 コイル内の磁界は式 (8.1) より

$$H = \frac{NI}{l}$$

このときコイル内部を通過する磁束（鎖交する磁束）$\varPhi$ は

$$\varPhi = \mu_0 \mu_s HS$$

求める比透磁率 μ_s は

$$\mu_s = \frac{\varPhi}{\mu_0 HS} = \frac{l\varPhi}{\mu_0 INS}$$

問 4 $D \ll L$ のとき、例題 6.2 の無限長ソレノイドで長さを有限長さ L に変えるだけで、本題でも同様に議論できる。本題では、1 m 当たりの巻き数 n は

$$n = \frac{N}{L}$$

となる。ソレノイドの中心付近の磁界は

$$H = nI = \frac{N}{L} I$$

問 5 円形コイルによって原点に発生する磁界 H は

$$H - \pm N \frac{I}{2a} \boldsymbol{y}$$

である。この磁界に加えて磁界 H' がある場合、原点における磁界は

$$H = H' \boldsymbol{x} \pm N \frac{I}{2a} \boldsymbol{y}$$

である。この磁界は $\boldsymbol{x} + \boldsymbol{y}$ に平行なはずなので、$H' = N\frac{I}{2a}(0 < H')$ と求まる。

問 6 電流は $z = 0$ に対し面対称なので、図 5 のように電流によって生じる磁界は $0 < z$ では y 軸正方向を向き、$z < 0$ では y 軸負方向を向く。また磁界の大きさの分布も $z = 0$ に対し面対称になる。

(1) $|z| < t/2$

図のように積分路 ABCD を用いてアンペアの周回積分の法則を用いる。ただし、$A(0, \frac{l}{2}, -z), B(0, -\frac{l}{2}, -z), C(0, -\frac{l}{2}, z)$ および $D(0, \frac{l}{2}, z)$ である。板の中心から z の位置における磁界の大きさを H とすると

$$\overline{AB} \cdot H + \overline{BC} \cdot 0 + \overline{CD} \cdot H + \overline{DA} \cdot 0 = \text{ABCD内を流れる電流}$$

$$\therefore l \cdot H + 0 + l \cdot H + 0 = l \cdot 2z \cdot J$$

$$\therefore H = zJ$$

(2) $t/2 < |z|$

図中のように積分路 A′B′C′D′ を用いてアンペアの周回積分の法則を用いる。ただし、A′, B′, C′ および D′ はそれぞれ A, B, C および D の z 座標の z を $\frac{t}{2} < |z|$ とした点である。

板の中心から z の位置における磁界の大きさを H とすると

$$\overline{A'B'} \cdot H + \overline{B'C'} \cdot 0 + \overline{C'D'} \cdot H + \overline{D'A'} \cdot 0 = \text{A}'\text{B}'\text{C}'\text{D}'\text{内を流れる電流}$$

$$\therefore l \cdot H + 0 + l \cdot H + 0 = l \cdot t \cdot J$$

$$\therefore H = \frac{tJ}{2}$$

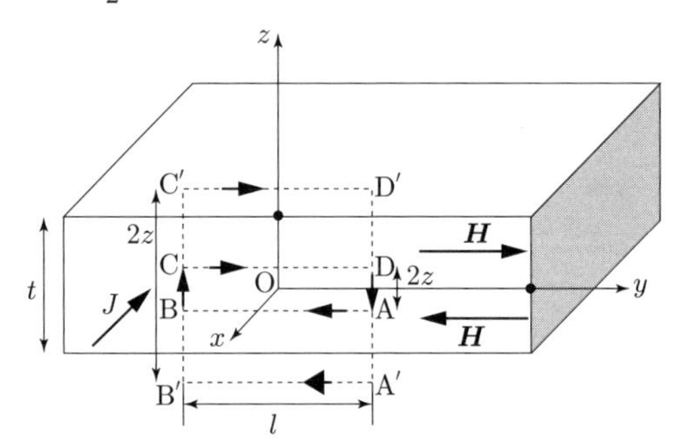

図 5　導体板に流れる電流と磁界（y 軸および z 軸は手前の面上にある）

問 7 (1) 例題6.5で、文字を $l_1 \to a/2$、$l_2 \to a/2$、$a \to a/2$ と変換して、1つの有限長電流によって原点にできる磁界は

$$H_1 = \frac{I}{4\pi(a/2)}\left(\frac{a/2}{\sqrt{(a/2)^2 + (a/2)^2}} + \frac{a/2}{\sqrt{(a/2)^2 + (a/2)^2}}\right) = \frac{\sqrt{2}I}{2\pi a}$$

と表せる。本問の場合、2つの有限長電流が原点に作る磁界は同じ向きであるので、H_1 を2倍すればよい。求める磁界は $H_2 = 2H_1 = \frac{\sqrt{2}I}{\pi a}$ である。

(2) 4つの有限長電流が原点に作る磁界は同じ向きであるので、求める磁界は H_1 を4倍して、$H_4 = 4H_1 = \frac{2\sqrt{2}I}{\pi a}$ となる。

(3) $H_4' = NH_4 = \frac{2\sqrt{2}NI}{\pi a}$

第7章

問1 円形コイルのループ面積はπa^2であり、磁気モーメントMは、例題7.1(c)より

$$M = \mu_0 I \pi a^2 N \quad ①$$

である。ただし、上式では、N巻きのため、N倍されていることに注意。無限ソレノイド中の磁界は例題6.2、式(6)より

$$H = nI \quad ②$$

となる。磁界H中にある磁気モーメントMの円形コイル（＝棒磁石）を置いたときのトルクは、例5.3、式(4)を参考にして、

$$T = MH\sin\theta \quad ③$$

式③に、式①と式②を代入して

$$T = \mu_0 I \pi a^2 N n I \sin\theta = \mu_0 \pi a^2 I^2 N n \sin\theta$$

と求まる。

問2 (1) 磁極mによって、$\boldsymbol{ds}$の位置にできる磁界$\boldsymbol{H}_m$は、式(5.3)を参考にして

$$\boldsymbol{H}_m = \frac{1}{4\pi\mu_0}\cdot\frac{m}{|\boldsymbol{r}|^2}\left(-\frac{\boldsymbol{r}}{|\boldsymbol{r}|}\right) \quad ①$$

である。

(2) 式(7.2)より

$$\boldsymbol{F}_m = \boldsymbol{I}\times\boldsymbol{B}l = (I\cdot\boldsymbol{ds})\times(\mu_0\boldsymbol{H}_m) = -\frac{mI}{4\pi|\boldsymbol{r}|^3}\boldsymbol{ds}\times\boldsymbol{r}$$

となる。ただし、上式で①を用いた。

(3) 磁極mは反作用の力$-\boldsymbol{F}_m$を電流素片から受ける。磁界の定義より、点Aにできる磁界$\Delta\boldsymbol{H}$は

$$\Delta\boldsymbol{H} = \frac{-\boldsymbol{F}_m}{m} = \frac{I\boldsymbol{ds}\times\boldsymbol{r}}{4\pi|\boldsymbol{r}|^3} = \frac{I\boldsymbol{ds}\times\boldsymbol{r}}{4\pi r^3}$$

である。ただし、$r = |\boldsymbol{r}|$である。

問3 参考に、ステップI例題15.2も参照のこと。(1) 電流の定義は導線断面を1 s当たりに通過する電荷の量である。電荷は1 sでvだけ進むことに注意すると、ある断面を1 s間に通過する電荷が存在する体積V_0は

$$V_0 = vab \quad ①$$

となる。$1\,\mathrm{m}^3$当たりの電荷Q_0は

$$Q_0 = nq \quad ②$$

となる。式①、②より、電流Iは

$$I = Q_0 V_0 = abqnv \qquad \therefore v = \frac{I}{abqn} \quad ③$$

(2) キャリアは電磁力

$$F_B = qvB \quad ④$$

を受ける。

(3) キャリアは電磁力によって端子 P 方向に押しやられるので、図のように端子 P の壁付近に正電荷が蓄積される。さらに、端子 Q の壁付近は正の電荷が欠如し、負の電荷が蓄積される、これらの電荷によって、P から Q 方向へ電界 E が発生する。この電界から 1 個のキャリアは

$$F_E = qE \qquad ⑤$$

の力を受ける。

(4) 電界から受ける力⑤は電磁力④の向きとは逆方向である。このため、余分の電荷は蓄積されることにならず、導体内の動くキャリアは電磁力 = 電界から受ける力となったとき、定常状態をむかえる。式④と式⑤より

$$qvB = qE \qquad \therefore E = vB \qquad ⑥$$

端子 PQ 間の電圧 V_H は

$$V_H = aE = avB = \frac{I}{abnq} \cdot aB = \frac{BI}{bnq}$$

である。ただし、上式で ③ と ⑥ を用いた。V_H はホール電圧とよばれる。

問 4 (1) 図のように、回転軸から角度が θ と $\theta + d\theta$ の間で表される導体球面上の帯を考える。この帯の幅は $rd\theta$ である。この帯の表面には電荷があり、球の回転とともに電荷が動くことになるので、これは帯に沿って電流が流れることに等しい。求める電流 di は帯の断面を 1 s 間に通過する電荷量なので

$$di = \frac{\omega}{2\pi} \cdot 2r\pi \sin\theta \cdot rd\theta \cdot \sigma = r^2 \omega\sigma \sin\theta d\theta \qquad ①$$

となる。ただし、$\frac{\omega}{2\pi}$ [1/s] は 1 s 当たり回転回数、$2r\pi \sin\theta$ [m] は帯の 1 周の長さ、$rd\theta$ [m] は帯の幅であることに注意のこと。

(2) 本問の場合、電流 di が面積 $\pi(r\sin\theta)^2$ のコイルに流れていると考えて、$dM = \mu_0 di \cdot \pi(r\sin\theta)^2 = \mu_0 \pi r^4 \omega\sigma \sin^3\theta d\theta$ ②

(3) ② の dM を、θ を 0 から π まで変化させながら積分して

$$\begin{aligned} M &= \int dM = \int_0^{\pi} \mu_0 \pi r^4 \omega\sigma \sin^3\theta d\theta \\ &= \mu_0 \pi r^4 \omega\sigma \int_0^{\pi} \frac{-\sin 3\theta + 3\sin\theta}{4} d\theta \\ &= \frac{\mu_0 \pi r^4 \omega\sigma}{12} [\cos 3\theta - 9\cos\theta]_0^{\pi} = \frac{4}{3} \mu_0 \pi r^4 \omega\sigma \qquad ③ \end{aligned}$$

(4) 帯上の電流素片 $\Delta i\, ds$（電流：Δi、長さ ds）が原点につくる、磁界の回転軸の上向き成分は、ビオサバールの法則によって $\frac{\Delta i\, ds \cdot r}{4\pi r^3} \sin\theta$ と求まる。帯全体の電流によって発生する、磁界の回転軸の上向き成分 ΔH は、電流素片の位置を帯に沿って 1 周動かしながら、原点にできる磁界を積分して

$$\Delta H = \int_0^{2\pi r \sin\theta} \frac{\Delta i \cdot r\sin\theta}{4\pi r^3} ds = \frac{\Delta i \cdot r\sin\theta}{4\pi r^3} \int_0^{2\pi r \sin\theta} ds = \frac{\sin^2\theta}{2r} \Delta i \qquad ④$$

と求まる。ただし、原点にできる磁界は回転軸方向成分と回転軸に直交する成分に分解できるが、回転軸に直交する成分は上記の積分をすることで相殺されるので無視した。式④で $\Delta i \to 0$ として、帯上の電流 di によって原点につくられる磁界 dH は、回転軸の上向きに

$$dH = \frac{\sin^2\theta}{2r}di = \frac{1-\cos^2\theta}{2r}\cdot r^2\omega\sigma\sin\theta d\theta = \frac{r\omega\sigma}{2}(1-\cos^2\theta)\sin\theta d\theta \qquad ⑤$$

の大きさとなる。ただし、上式の変形で①を用いた。上式を、θ に関して 0 から π まで積分すると、原点で上向きの磁界の大きさが求まり

$$\begin{aligned} H &= \int_0^\pi \frac{r\omega}{2}\sigma(1-\cos^2\theta)\sin\theta d\theta \\ &= -\frac{\omega r\sigma}{2}\int_0^\pi (1-\cos^2\theta)\cdot\frac{d(\cos\theta)}{d\theta}d\theta \\ &= -\frac{\omega r\sigma}{2}\left[\cos\theta - \frac{\cos^3\theta}{3}\right]_0^\pi = \frac{2}{3}r\sigma\omega \end{aligned}$$

問 5 (1) $\boldsymbol{F} = -e\boldsymbol{v}\times\boldsymbol{B}$、$\therefore F = |\boldsymbol{F}| = |-e\boldsymbol{v}\times\boldsymbol{B}| = e|\boldsymbol{v}||\boldsymbol{B}|\sin 90° = evB$ 電子の進行方向を向いたとき、つねに左向きに力 F を受ける。荷電粒子が負の電荷であることに注意のこと。

(2) 電子が円運動をするときの向心力の大きさは $\frac{Mv^2}{r}$ であり、これが F に等しいので、

$\frac{Mv^2}{r} = evB$、　　$\therefore r = \frac{Mv}{eB}$

(3) $\theta \approx 0$ のとき $\sin\theta \approx \theta$ と近似できる。$\sin\theta = L/r$ 　$\therefore \theta = L/r$。

(d) $\theta = \frac{L}{r} = \frac{LeB}{Mv}$。

問 6 円形コイルの内側の面（コイル面）と磁界が直交していないとき、コイルに鎖交する磁束はコイル面を磁界に直交する面へ投影した図形の面積 × 磁束密度で与えられる。本題で、コイルに鎖交する磁束は

$$\Phi = B\cdot S\cos\theta = \pi a^2 B\cos\omega t$$

コイルに発生する起電力は、ファラデーの電磁誘導の法則より

$$V = N\frac{d\Phi}{dt} = N\pi a^2 B(-\omega\sin\omega t)$$

上式より、発生する最大電圧は $N\pi a^2 B\omega$ であるので、実効値は $\frac{N\pi a^2 B\omega}{\sqrt{2}}$ である。

第 8 章

問 1 (1) $l = \frac{2\pi a + 2\pi b}{2} = \pi(a+b)$

(2) 断面積を S、磁束密度を B とすると、$\Phi = BS = \mu HS = \mu\frac{c(b-a)NI}{l} = \mu\frac{c(b-a)NI}{\pi(a+b)}$

(3) 自己インダクタンスの定義、式 (8.6) および (2) より、$L = \frac{N\Phi}{I} = \frac{\mu c(b-a)N^2}{\pi(a+b)}$

(4) dr は微小な量であるので、磁力線の平均的な長さ l は $2\pi r$ としてよい。$d\Phi = BS = \mu H\cdot cdr = \mu\frac{NI}{l}\cdot cdr = \mu\frac{cNI}{2\pi r}dr$

(5) $\Phi = \int_a^b \frac{c\mu NI}{2\pi r}dr = \frac{c\mu NI}{2\pi}\log_e\frac{b}{a}$

(6) $L = \frac{N\Phi}{I} = \frac{c\mu N^2}{2\pi} \log_e \frac{b}{a}$

第9章

問1 i) $-\frac{d}{2} \leqq x \leqq \frac{d}{2}$ のとき

x 成分は 0 なので $H_x = 0$ である。$\mathrm{rot}\boldsymbol{H} = \boldsymbol{J}$ で z 成分を考えることより

$$\frac{\partial}{\partial x} H_y = J_0 \qquad \therefore H_y = J_0 x + C_1 \tag{1}$$

ここで、C_1 は定数である。$x = 0$ で $H_y = 0$ なので $C_1 = 0$ である。対称性から 磁界の y 軸および z 軸方向の依存性はないので、$\frac{\partial}{\partial y} = 0$、$\frac{\partial}{\partial z} = 0$ となり、$\mathrm{rot}\boldsymbol{H}$ の x 成分は 0 となる。また、電流が z 軸方向へ流れるので 磁界の z 成分は発生しないので、$\mathrm{rot}\boldsymbol{H}$ の y 成分も 0 となる。したがって、$\boldsymbol{H} = [0, J_0 x, 0]$。

ii) $x \leqq -\frac{d}{2}, \frac{d}{2} \leqq x$ のとき

この領域では電流は流れていないので、$\mathrm{rot}\boldsymbol{H} = \boldsymbol{O}$ である。この式の z 成分から

$$\frac{\partial}{\partial x} H_y = 0 \quad \therefore H_y = C_2 \tag{2}$$

である。C_2 は定数である。$x = \frac{d}{2}$ での境界条件を考えると、磁界の接線成分が導体の内側と外側で等しい。このことより、$x = \frac{d}{2} - 0$ で $H_y = J_0 \frac{d}{2}$ なので、$C_2 = J_0 \frac{d}{2}$ である。H_x および H_z は i) のときと同様に 0 である。したがって、$\boldsymbol{H} = [0, J_0 \frac{d}{2}, 0]$。

付　表

表 1　おもな物理定数

真空の誘電率	$\varepsilon_0 = 8.854\ 187\ 83 \times 10^{-12}$ F/m
素電荷（電子の電荷の絶対値）	$e = 1.602\ 189\ 2 \times 10^{-19}$ C
電子の質量	$m_e = 9.109\ 534 \times 10^{-31}$ kg
真空の透磁率	$\mu_0 = 4\pi \times 10^{-7}$ H/m
真空中の光速度	$c = 2.997\ 924\ 58 \times 10^{8}$ m/s
重力加速度	$g = 9.8$ m/s^2

表 2　よく使われる単位の接頭記号

テラ	tera	T	10^{12}
ギカ	giga	G	10^{9}
メガ	mega	M	10^{6}
キロ	kilo	k	10^{3}
ミリ	mili	m	10^{-3}
マイクロ	micro	μ	10^{-6}
ナノ	nano	n	10^{-9}
ピコ	pico	p	10^{-12}

表3　電気磁気に関するおもな単位

量	名　　称	記　号	他の SI 単位による表し方	SI 基本単位による表し方
長さ	メートル	m		基本単位
質量	キログラム	kg		
時間	秒	s		
電流	アンペア	A		
温度	ケルビン	K		
周波数	ヘルツ	Hz		s^{-1}
力	ニュートン	N		$m \cdot kg \cdot s^{-2}$
圧力・応力	パスカル	Pa	N/m^2	$m^{-1} \cdot kg \cdot s^{-2}$
エネルギー・仕事・熱量	ジュール	J	$N \cdot m$	$m^2 \cdot kg \cdot s^{-2}$
電力・仕事率	ワット	W	J/s	$m^2 \cdot kg \cdot s^{-3}$
電荷・電束	クーロン	C		$s \cdot A$
電圧・電位　電位差・起電力	ボルト	V	J/C	$m^2 \cdot kg \cdot s^{-3} \cdot A^{-1}$
電界	ボルト/メートル		V/m	$m \cdot kg \cdot s^{-3} \cdot A^{-1}$
電束密度・分極	クーロン/平方メートル		C/m^2	$m^{-2} \cdot s \cdot A$
静電容量	ファラド	F	C/V	$m^{-2} \cdot kg^{-1} \cdot s^4 \cdot A^2$
電気双極子モーメント	クーロン・メートル		$C \cdot m$	$m \cdot s \cdot A$
誘電率	ファラド/メートル		F/m	$m^{-3} \cdot kg^{-1} \cdot s^4 \cdot A^2$
電流密度	アンペア/平方メートル		A/m^2	$m^{-2} \cdot A$
電気抵抗	オーム	Ω	V/A	$m^2 \cdot kg \cdot s^{-3} \cdot A^{-2}$
抵抗率・固有抵抗	オーム・メートル		$\Omega \cdot m$	$m^3 \cdot kg \cdot s^{-3} \cdot A^{-2}$
コンダクタンス	ジーメンス	S	Ω^{-1}	$m^{-2} \cdot kg^{-1} \cdot s^3 \cdot A^2$
導電率・電気伝導度	ジーメンス/メートル		S/m	$m^{-3} \cdot kg^{-1} \cdot s^3 \cdot A^2$
磁界・起磁力	アンペア/メートル		A/m	$m^{-1} \cdot A$
磁束・磁極	ウェーバ	Wb	$V \cdot s$	$m^2 \cdot kg \cdot s^{-2} \cdot A^{-1}$
磁束密度・磁化　磁極密度	テスラ	T	Wb/m^2	$kg \cdot s^{-2} \cdot A^{-1}$
磁気モーメント	ウェーバ・メートル		$Wb \cdot m$	$m^3 \cdot kg \cdot s^{-2} \cdot A^{-1}$
インダクタンス	ヘンリー	H	Wb/A	$m^2 \cdot kg \cdot s^{-2} \cdot A^{-2}$
透磁率・磁化率	ヘンリー/メートル		H/m	$m \cdot kg \cdot s^{-2} \cdot A^{-2}$
磁気抵抗	アンペア/ウェーバ		A/Wb	$m^{-2} \cdot kg^{-1} \cdot s^2 \cdot A^2$

参考文献

ファイマン、レイトン、サンズ（宮島龍興訳）：ファイマン物理学、岩波書店（1969）
後藤憲一、山崎修一郎：詳解電磁気学演習、共立出版（1970）
松森徳衛 他：電磁気学例題演習、コロナ社（1977）
加藤正昭：演習　電磁気学、サイエンス社（1980）
山田直平、桂井誠：電気磁気学（3版改訂）、電気学会、オーム社（2002）
安達三郎：電磁波工学、コロナ社(1983)
長岡洋介：電磁気学I、岩波書店（1982）
長岡洋介：電磁気学II、岩波書店（1983）
山村泰道、北川盈雄：電磁気学演習、サイエンス社（1985）
兵頭俊夫：電磁気学、裳華房（1999）
松下昭、平井紀光：入門電気磁気学（第2版）、ムイスリ出版（2000）
石井良博：電気磁気学、コロナ社（2000）
木幡重雄：電磁気の単位はこうして作られた、工学社（2000）
山田直平、桂井誠：電気磁気学（3版改訂）、電気学会（2002）
宇野亨、白井宏：電磁気学、コロナ社（2010）

電磁気学には既に多くの優れた書籍が出版されており、本書を作成するにあたり、主に、上記の文献を参考にさせて頂いた。本書を勉強された後、さらに他の書籍を読み広げられることをお勧めする。

索　引

著者略歴

松浦　秀治（まつうら　ひではる）

1982年　京都大学大学院工学研究科電子工学専攻修士課程　修了
1982年　通商産業省工業技術院電子技術総合研究所　入所
1994年　京都大学　博士(工学)　取得
1995年　大阪電気通信大学工学部電子工学科　専任講師
現　在　大阪電気通信大学工学部電気電子工学科　教授

海老原　聡（えびはら　さとし）

1997年　東北大学大学院工学研究科資源工学専攻修了(博士(工学))
1997年　東北大学東北アジア研究センター　助手
2003年　大阪電気通信大学工学部電子工学科　専任講師
現　在　大阪電気通信大学工学部電気電子工学科　教授

前川　泰之（まえかわ　やすゆき）

1984年　京都大学大学院工学研究科電子工学専攻博士課程　修了
1984年　日本学術振興会奨励研究員
1985年　京都大学　博士(工学)　取得
1985年　大阪電気通信大学工学部通信工学科　専任講師
現　在　大阪電気通信大学情報通信工学部通信工学科　教授

2015年3月29日　初版　第1刷発行
2018年3月16日　初版　第2刷発行

2段階方式で学ぶ　わかる電磁気学

著　者　松浦秀治／海老原聡／前川泰之　©2015
発行者　橋本豪夫
発行所　ムイスリ出版株式会社

〒169-0073
東京都新宿区百人町1-12-18
Tel.03-3362-9241(代表)　Fax.03-3362-9145
振替　00110-2-102907

ISBN978-4-89641-233-8　C3054